小 麦

实用栽培技术手册

沧州市农场管理站　编著

中国农业出版社

编 辑 委 员 会

前　言

　　确保国家粮食安全是保持国民经济平衡较快发展和社会稳定的重要基础。而小麦是重要的粮食作物之一，其播种面积、单产和总产量仅次于水稻、玉米，居第三位，是我国人民尤其是北方人民广泛食用的主要细粮，占全国粮食消费总量的1/5左右。抓好小麦生产对确保粮食安全具有举足轻重的作用。近年来，随着小麦生产技术的不断更新进步，小麦连续十余年获得丰产丰收，科技进步为小麦健康持续发展提供了有力的技术支撑。但是，直接参与小麦生产管理的广大农民和基层农技工作者，由于农技推广体系不健全、知识更新缓慢，存在技术推广普及"一公里"断层问题。为进一步提升广大农民、基层干部及基层技术人员的科技素质，培育新型职业农民，我们本着理论与实践相结合、基本知识与现代科学技术相结合、通俗易懂与科学性相结合的原则，广泛搜集资料，吸取现代科学技术成果，面向广大农民、基层农技推广工作者，编写成《小麦实用栽培技术手册》一书。限于业务水平，书中难免有不妥之处，希望广大读者批评指正。

编　者

2016 年 3 月

目　　录

一、小麦栽培基础知识

1. 小麦属于什么科？什么属？目前栽培的普通小麦多是几倍体？

按植物学分类小麦属于禾本科，小麦属。目前栽培的普通小麦多是六倍体小麦。

2. 小麦阶段发育理论是什么？按照阶段发育理论一般小麦划分为哪几个类型？

研究和实践证明，小麦从种到收必须经过几个对环境条件有特定要求的质变阶段，才能完成个体发育，产生种子，留下后代，这种不同阶段的质变过程称为阶段发育。小麦一生可分为春化（感温）和光照（感光）两个阶段，两者在进程中有严格的顺序性，前一个不通过，后一个就无法进行，但可停滞，不能后退、逆转。因此掌握阶段发育特性，对小麦高产栽培十分重要。

（1）春化阶段 春化阶段是小麦第一个发育阶段，此阶段起主导作用的是适宜的低温条件，即小麦自种子萌动后，必须经过一定的低温条件才能完成质变发育，形成结实器官。春化阶段所需要的低温程度和经历的时间因品种类型不同一般可将小麦划分为以下3种类型。

①冬性品种：在0～5℃条件下，经过30天以上方可通过春化阶段。如京冬12、北京0045、保麦9号、轮选987、冀麦32等。

②半冬性品种：在0～7℃条件下，经过15～35天即可完成春化阶段。如石麦15、衡观35、科农199、邯6172。

③春性品种：该类因种植地区不同，对温度的要求差异较大。南方秋播地区种植的品种多为0～12℃，北方春播种植的品种多为5～20℃，一般经历5～15天即可完成春化阶段发育。如鲁原早、

郑引 1 号。

（2）光照阶段 小麦通过春化阶段后，在适宜的外界环境条件下，就进入第二个发育阶段，即以光照条件为主的发育阶段，称为光照阶段（感光阶段）。该阶段根据品种对光照长短的反应不同，大体也可分为 3 种类型。

①反应迟钝型：每天 8～12 小时的日照，需 16 天左右通过光照阶段而抽穗。该类品种对日照的长短反应不敏感，多属低纬度的春性品种。

②反应中等型：在每天 8 小时左右的日照条件下不抽穗。每天 12 小时左右的日照条件下，约需 24 天的时间即能正常通过光照阶段而抽穗。这类品种一般为半冬性品种。

③反应敏感型：每天 8～12 小时日照条件下，不能通过光照阶段发育，每天 12 小时以上的日照，经过 30～40 天，才能正常通过光照阶段而抽穗。冬型品种多属于这一类。

3. 小麦阶段理论在生产上有什么意义？

（1）春化阶段注重品种定播期播量 不同类型的品种，通过春化阶段和光照阶段所需要的条件差别较大，尤以春化阶段最明显。小麦通过春化阶段的标志是生长锥发生了质变。质变的标志，一是生长锥由分化叶片转向雌雄蕊原基的分化；二是抗冻能力较二棱期前的伸长期、单棱期明显减弱。通过春化所需要的低温和时间随品种类型而异，一般由春性到冬性，需求的温度渐低，时间变长。河北省沧州市适期播种的冬性和半冬性品种幼穗分化基本处在生长锥未伸长或单棱期前或单棱期越冬，因此都能安全越冬。然而，一旦穗分化达到二棱期（通过春化阶段），抗冻能力就显著下降，如若遭遇连续 5 小时的 -10℃低温，幼穗便冻伤，可见二棱期前的单棱期是决定麦苗能否安全越冬的临界期。据此，要实现小麦大面积高产，必须根据阶段发育理论，结合当地气温条件、前茬熟期、播种的早晚，选择相应而又丰产的品种类型。如播种早茬麦，由于冬前生长时间长、温度高，宜选用冬性品种，因为冬性品种通过春化阶段要求的温度低、时间长，早播情况下，冬前不易达到二棱期，能够安全越冬。早播，冬前温度高、时间长、积温多，因而麦苗生长量大、分蘖多，所以一定要酌情减少播量，否则不仅虚耗养分，还会形成旺弱苗，遭受冻害减产。如选用半冬性品种播种，特别是种植半冬性偏春性品种，冬前很容易通过春化阶段达到二棱期，甚至冬前起身、拔节，导致严重冻害，故该类品种一定要适当晚播。而晚播，冬前生长时间短，积温少，生长量小，所以要酌情增加播量。

（2）光照阶段注重肥水运筹 小麦通过春化阶段后，便有条件进入光照阶段。通过光照阶段，除与日照长短、强弱有关外，还与温度、水分、养分等有关。这就必须在生产上予以注意。

适宜小麦通过光照阶段的温度为20℃左右，低于10℃和高于25℃通过光照的速度减慢。春季如果阴雨天多、光照少、气温低，小麦抽穗则推迟，不仅影响熟期，还使粒重降低，影响增产。

土壤水分状况能显著影响光照阶段的进行。土壤水分稍有不足，小麦生育减慢，但能加速光照阶段的进行；若旱情发展到一定程度，光照阶段进行的速度反而减慢。

土壤施用氮素肥料过多，可以延缓光照阶段的进行；施用磷、钾肥较多，可加速光照阶段的进行。因此，合理运筹肥水是使光照阶段正常进行，保证适期成熟，达到增粒增重实现高产的重要措施。

4. 小麦一生分几个生育时期？怎样识别这些时期？

冬小麦从播种到成熟所经历的天数为其生育期。河北省冬小麦生育期一般为250～270天。根据植株外部形态特征呈现出的显著变化，习惯上一般将生育期划分为出苗期、三叶期、分蘖期、越冬期、返青期、起身期、拔节期、挑旗期、抽穗期、开花期、灌浆期和成熟期。

出苗期：全田有半数以上麦苗出土2厘米左右。

三叶期：全田有半数以上麦苗主茎节三叶伸出叶鞘2厘米

左右。

分蘖期：全田有半数以上麦苗第一分蘖伸出叶鞘 2 厘米左右。

越冬期：冬前日平均气温稳定在 0℃以下，植株停止生长。

返青期：春季气温回升后，植株恢复生长，全田有半数以上麦苗心叶新长出部分达 2 厘米左右。

起身期：全田有半数以上麦苗主茎和大分蘖的叶鞘显著伸长，冬性品种的匍匐状幼苗转为直立生长，茎基部第一节间在地下已开始伸长。

拔节期：全田有半数以上麦苗主茎和大分蘖茎节伸出地面 2 厘米左右，用 2 根手指头捏摸可触及。

挑旗期：全田有半数以上的植株旗叶展开，这时旗叶叶鞘包着的幼穗明显膨大，所以也称孕穗期。

抽穗期：全田有半数以上穗子露出旗叶叶鞘 1/2。

开花期：全田有半数以上的麦穗中、上部开始开花，露出黄色花药。

灌浆期：麦粒生长到半仁以后，开始沉积淀粉粒，由清浆变为清乳状，习惯上把这时称为灌浆期，一般在开花后 10～13 天。

成熟期：小麦成熟过程习惯上分为蜡熟期和完熟期。当大部分籽粒变黄，胚乳呈凝蜡状，用手指甲掐断而不变形，即蜡熟后期为成熟期。此时粒重最高，含水量 30%左右，是适宜的收割期。

5. 小麦籽粒由几部分构成？分别起什么作用？

小麦籽粒由皮层、胚和胚乳三部分组成。

皮层是包在整个籽粒外面的果皮和种皮，占籽粒总质量的 5%～11.2%。皮层是一种保护组织，保护胚和胚乳免受不良环境条件的影响，特别是在免受真菌侵害方面起着重要的作用。

胚由胚根、胚轴、胚芽和盾片组成，占种子质量的 2%～3%。胚是小麦种子的最重要部分，是未来植株的雏体。小麦种子在贮藏中，胚受到虫蛀或发霉等损坏时，发芽能力丧失，不能做种用。

胚乳占种子质量的 90%左右，是种子的营养仓库，可供种子发芽、出苗和幼苗初期所需要的养分。因此，精选大粒种子与幼苗苗壮有着密切关系。

小麦发芽出苗需要一定的水分、温度和氧气。发芽最适宜温度是 $15 \sim 20℃$。温度过低，发芽慢而不齐，易感染病害，低于 $1 \sim 2℃$ 则不发芽；播种过早，会因高温的抑制作用而使发芽整齐度及发芽率下降，高于 $35 \sim 40℃$，也不能正常发芽。当种子吸水达到种子质量的 $40\% \sim 50\%$ 时，发芽较快。一般对土壤含水量的要求是：沙土 $14\% \sim 16\%$，壤土 $16\% \sim 18\%$，黏土 $20\% \sim 24\%$。水分的多寡将影响出苗时间和整齐度，特别在温度高、湿度大、地表板结或播种过深时，种子往往因通气不良，氧气不足而生长不良。因此，生产上必须注意精细整地、底墒充足、精选良种、适时播种、深浅适宜等，以保证小麦种子发芽出苗的必要条件，使其生长良好，培育壮苗。

6. 小麦自播种到出苗一般需要多少积温？出苗后冬前每长一片叶平均约需多少积温？河北省冬小麦在越冬前达到 6 叶 1 心壮苗指标需要多少积温？

小麦播种到出苗一般需要积温 $120℃$ 左右，出苗后冬前主茎每长一片叶平均需积温 $75℃$ 左右。达到 6 叶 1 心需要积温：$6 \times 75℃ + 120℃ = 570℃$。

7. 小麦根属什么根系？由几部分组成？在土壤中是怎样分布的？哪些条件影响小麦根系的生长？

小麦根为须根系。由初生根（种子根）、根状茎和次生根（节根）组成。根系是吸取土壤中水分和营养物质的器官，并起固定作用，同时也是重要的营养合成器官。小麦在分蘖期以前，主要是初生根（种子根）发挥其功能。分蘖期以后开始生长次生根，其后由这两种根系共同发生作用，完成小麦的整个生育过程。那种把初生根叫做"临时根"，次生根叫做"永久根"的概念是不确切的。

初生根是在种子发芽出苗阶段形成的，幼苗出现第一片绿叶时，不再增加条数。初生根一般 5～7 条，多的可达 9 条以上。初生根细而坚韧，多分枝，倾于垂直分布，伸长很快，冬前每昼夜可长 1.5～2.5 厘米，越冬时可扎深 50～70 厘米以上，到拔节时入土深度可达 2 米以上，以后不再生长。

次生根着生于分蘖节上，一般在分蘖期开始出现，与初生根相比，较粗壮，多根毛，扩展的角度较大，入土深度较浅。入冬前长度一般仅 20 厘米左右。返青后生长加快，开花前后达 1 米或更长，其后不再伸长。次生根的出生有两个重要时期，一是冬前分蘖盛期，二是返青至拔节期。次生根主要分布在 0～60 厘米的土层，其分布与耕层厚度关系密切，深耕的绝大部分密集在 0～30 厘米土层，浅耕粗做的则主要分布在 0～15 厘米或 20 厘米层内。

影响根系生长的条件较多，除精选大粒饱满的种子、深耕改土外，适宜的土壤水分、养分、温度和通气状况也是其重要条件。土壤含水量为田间最大持水量 70% 左右时，根系生长良好；土壤干旱，次生根难以生长；土壤水分过多或板结，空气不足，也会严重影响根的生长。氮磷营养缺乏，次生根发生少，伸长慢，发育不良。但若施氮肥过多，也会使碳氮比例失调，地上部旺长，从而影响根系的生长。小麦根系最适宜生长的温度是 16～20℃，最低为 2℃，高于 30℃ 生长也会受到抑制。所以生产上在晚秋和早春加强中耕锄划，破板松土，提高地温，以促进根系生长。在小麦生育后期适时灌水，降低地温，可维系延长根系的正常生理功能。

8. 根系发达的小麦品种对节水技术的实施有什么好处？

小麦的根系分为初生根、根状茎和次生根。初生根可以深扎 2 米以上，能够有效吸收深层土壤水分，确保小麦健壮生长，抗倒伏。而次生根主要分布在 0～60 厘米的土层，它不能有效利用深层土壤水分，干旱时易衰亡，需灌溉维持。过去的小麦种植主要是靠次生根的作用，因此需水量大。现在，我们改为利用初生根的特点和作用来实现利用土壤水，达到节水目的。

9. 小麦茎由几部分组成？地上茎秆由几部分组成？影响茎秆生长的因素有哪些？

小麦茎由地中茎（根茎）、分蘖节和地上茎秆三部分组成。主要功能是支持、输导、光合和贮存作用。

地中茎是种子和分蘖节之间的部分，由种子的胚轴发育而成。实际上是小麦整个茎的第一节间。地中茎的长短和播种深浅密切相关。播种较浅时，地中茎很短，甚至不明显。播种深时，地中茎较长，有时可形成二次或多次地中茎，起调节分蘖节深度的作用。播种深度适宜时，地中茎一般 1.5～2.0 厘米。

分蘖节是由 5～9 个不伸长的地下节间密集而成，主要作用是着生近地叶片、一级分蘖和次生根。

地上茎秆即一般所说的麦秸秆，其由节和伸长节间组成。通常为 5 节，也有 4 节和 6 节的。

影响茎秆生长的主要因素是温度、水肥和通风透光条件。茎秆一般于 10℃ 以上才开始伸长，在 12～16℃ 形成的茎秆矮短粗壮，高于 20℃ 则易发生徒长，茎细软弱。水肥和光照是茎秆形成的物质基础，追肥浇水后的高效期，对正在伸长的节间促进作用最大。一般返青肥促进茎基部第一、第二伸长节间伸长；起身肥促进第三、第四伸长节间伸长，对第五伸长节间也有一定作用；拔节肥作用于最后一个伸长节间。

10. 小麦叶片有几种？一般主茎叶片多少片？近根叶和茎生叶有哪些功能？

通常说的小麦叶片是指完全叶，也称为普通叶。除此，胚芽鞘、分蘖鞘、颖壳等也属于叶，称为变态叶。对产量起决定作用的是普通叶，一般由叶片、叶鞘、叶耳、叶舌等部分组成。它对环境条件反应最为敏感。生产中，经常根据叶片的长势、长相采取相应的栽培管理措施加以调控，使其符合高产的要求。并常以叶片的宽窄、长短、色泽来检验措施的效果。

麦叶的生长过程是由叶尖向基部逐渐伸长展开，先长叶片，后长叶鞘，等到叶片全部展开，基部可见叶耳和叶舌时，叶达到最长。

小麦一生主茎分化叶片数的多少，受品种、播期、气候及栽培条件的影响较大。但在一定的生态条件下，都有其较稳定的主茎叶片数。河北适期播种的冬小麦品种，主茎叶片数多为 12～14 片（变动在 9～16 片），其中冬前长 6～8 片，春季长出的叶数大体为 6 片左右，叶片的变动主要是冬前叶。

小麦叶片因着生部位不同可分为近根叶和茎生叶两组。近根叶即着生在分蘖节上属丛生的叶，是从出苗到起身陆续长出的叶片。它的功能期主要在拔节之前，以其光合产物供应分蘖和根系生长，部分碳水化合物储存在分蘖节和叶鞘中，为安全越冬和返青生长奠定物质基础。拔节之后随中部叶片的建成，其功能相继减弱，乃至衰老死亡。

茎生叶是与伸长节间同节位的叶，一般长 5 叶，着生于靠下3 节的称中部叶片，生于靠上 2 节的称上部叶片。

中部叶片是小麦起身到拔节期形成的，其光合产物主要供给茎秆伸长与麦穗发育。其功能期的长短，主要取决于群体大小与肥水状况。群体适宜，肥水充足，功能期长，茎秆就健壮，小穗、小花分化多；反之，茎秆细弱，穗、花分化就少。

上部叶片主要指旗叶和倒二叶，它们生于拔节后期至挑旗期。其光合产物除供应节间伸长和麦穗的进一步分化发育外，主要用于开花结实和籽粒灌浆。

11. 什么是叶面积指数（叶面积系数）？不同高产途径（亩*产 500 千克左右）麦田合理的叶面积系数是多少？

小麦产量决定于光合生产率和总光合积累。而光合生产率的高低，积累的多少，除与品种特性有关外，主要决定于叶面积大小和

---

* 亩为非法定计量单位，1 亩≈667 米²，余同。——编者注

通风透光条件。

叶面积的大小用叶面积指数来表示（也称叶面积系数），即总叶面积占土地面积的倍数。例如，叶面积系数为1，叶面积与土地面积相等；叶面积系数为2，叶面积相当于土地面积的2倍，即1亩地的叶面积可以覆盖1亩地2层。

目前，冬小麦高产途径主要有：精播（亩基本苗6万～15万株）、半精播（亩基本苗12万～20万株）、晚茬（亩基本苗20万～35万株）和独杆栽培（亩基本苗30万～60万株）四种途径。其合理的叶面积系数动态分别是：

(1) 精播 冬前1左右、起身2左右、拔节4～5、挑旗6～7、灌浆4～5。

(2) 半精播 冬前1左右、起身2左右、拔节4～5、挑旗6～7、灌浆4～5。

(3) 晚茬 冬前0.5～0.8、起身1～1.5、拔节3～4、挑旗6～7、灌浆4～5。

(4) 独杆 冬前0.5～0.8、起身1～1.5、拔节3～4、挑旗6左右、灌浆5左右。

通过归纳分析，纵然不同高产途径的麦田，从基本苗到高产群体动态相差极为悬殊，但其叶面积系数却差异很小，且生育后期差异越小，最终形成的产量大体都在500千克/亩左右。因此，只要因地、因种选择相适应的高产途径，建立相对应的群体和确定适宜的播期、播量（基本苗），都可实现高产。

12. 什么是小麦分蘖节、小麦分蘖？作用各是什么？

小麦植株地下部由节间极短而密集在一起的若干节组成，着生分蘖和次生根，外形膨大的部分，就是分蘖节。分蘖节是生长近根叶、分蘖和次生根的地方，同时，也是贮藏营养物质的器官。其贮藏的营养物质可保证分蘖节具有高度抗寒力，是麦苗安全越冬及该期间进行生命活动和翌年返青时植株生长的物质基础。分蘖节在土壤中所处的位置与能否安全越冬关系很大。播种浅，分蘖节入土少于 2 厘米，麦苗则难于安全越冬。播种较深时，可通过地中茎的伸长来调节分蘖节位置。但如果播种过深，即使地中茎延长也难于使分蘖节处在合适的位置上，因而严重影响分蘖的发生。冬前麦苗旺长，养分消耗多，分蘖节积累的糖分少，均不利于麦苗安全越冬。

分蘖是小麦适应外界环境条件和保证其正常繁殖后代的一种分枝性能。分蘖着生于分蘖节上，是由小麦叶腋中长出的分枝。分蘖的多少、大小、壮弱对群体的发育与成穗数的多少有密切关系，掌握分蘖发生与发展的规律，可以合理地控制群体，协调穗、粒、重的矛盾，为保证高产提供依据。

13. 小麦叶、蘖生长与同伸的规律性关系是什么？

小麦叶、蘖生长有一定的时间性和顺序性，当长出某一片叶时，在某一叶的叶腋或胚芽鞘中也相应产生一定的分蘖，谓之同伸。一般情况下，当小麦幼苗主茎出现第 3 叶时，应该由胚芽鞘中伸出胚芽鞘分蘖，这是主茎上最先发生的分蘖，但此分蘖发生与否，取决于土壤肥力、种子质量、种植密度、播种深浅和墒情好坏等栽培条件。也就是说，胚芽鞘产生的分蘖既少又不稳定，所以生产上通常不把胚芽鞘分蘖计算在内。因此，常说的主茎第一分蘖是指主茎叶片伸出第 4 叶时，由第一叶叶腋伸出的分蘖（第 1 个一级分蘖），也就是说 4 叶 1 心时有 1 个主茎和 1 个分蘖，总茎数为 2；主茎出现第 5 叶时，由主茎第 2 叶腋伸出第 2 个一级分蘖，此时有 1 个主茎和 2 个分蘖，总茎数为 3；主茎出第 6 叶时，由主茎第 3 叶腋处产生第 4 个一级分蘖，此时第 2 个一级分蘖产生它的第 1 个二级分蘖，此时有 1 个主茎、3 个子蘖、1 个孙蘖，总数为 5。

小麦主茎叶位和单株总茎蘖数的同伸规律可归纳为：3 叶—1 蘖、4 叶—2 蘖、5 叶—3 蘖、6 叶—5 蘖、7 叶—8 蘖、8 叶—13 蘖等，即前两组蘖数之和等于后一组蘖数。

14. 影响小麦分蘖的主要因素和分蘖成穗规律是什么？

影响分蘖的主要因素有以下几个方面：

(1) 品种特性 不同品种分蘖力强弱不同。冬性品种通过春化阶段所需的时间长，从出苗到分蘖终止期也长，因此主茎叶片数及单株分蘖数均多；而春性品种却相反。所以，一般冬性品种比春性品种分蘖力强。

(2) 温度 分蘖的最适宜温度为 13～18℃；2～4℃时分蘖缓慢；高于 18℃，分蘖则受到抑制。冬前每长一个分蘖约需 0℃以上积温 30℃·d 左右。过早播种往往增加低位蘖的缺位率，特别在密度较大时，植株旺长，单株分蘖反而不多；播种过晚，由于温度低，分蘖减少或不能分蘖。

(3) 土壤水分和营养 最适宜分蘖的土壤水分为田间持水量的 70%～80%；肥料充足，尤其是氮磷配合施用，能促进分蘖的发生，利于形成壮苗。

(4) 播种期、播量和播深 晚播积温不足，叶数少，分蘖也少；播种过密，植株拥挤，争光旺长，分蘖少；播深超过 5 厘米，分蘖就会受到抑制，超过 7 厘米，苗弱很难分蘖，或者分蘖晚而少。只有在适期、适量播种和适宜播深的情况下，才有利于争取分蘖，培育壮苗。

小麦由于分蘖的位次、时间有异，故又有低位蘖和高位蘖、冬前蘖和年后蘖之分。低位蘖从第一叶下方的不完全叶及早生叶先长出，因出生的位置低而得名，又因发生时间早，长得大，所以也称大蘖；反之，从较晚出生的叶片长出的分蘖，因时间晚，位次高，长得小，故称高位蘖或小蘖。冬小麦有两个分蘖盛期，第一是冬前，生长的分蘖数占总蘖数的 70%～80%；第二是春季返青至起身、拔节间，分蘖数占总蘖数的 20%～30%。冬、春分蘖的多少与地力、肥水、品种、播期、播量等关系甚大。一般情况下，地力高、肥水足、播期早、播量小的冬性品种，冬前分蘖多；反之分蘖少。春季分蘖除与冬前影响分蘖的因素有关外，还与冬前分蘖多少有关，冬前分蘖多者春季分蘖少；冬前分蘖少者春季分蘖就多。一般情况下，冬前每株可生出分蘖 3～5 个，高产麦田可生长 8～10 个以上。

不同的分蘖都有其重要的意义，一般情况下，低位蘖、大蘖、冬前蘖在群体发展中易成穗，成大穗；而高位蘖、小蘖、年后蘖不易成穗，但对冬前培育壮苗、增加根条数和年后吸收肥水供给主茎及大蘖成穗也甚为有利。分蘖两极分化的主要时期是起身到拔节期，其次是拔节到抽穗前后。一般主茎和大分蘖成穗，小分蘖死亡，中等分蘖表现了明显的两重性。栽培上可利用这一特点，通过调节返青至拔节期的肥水供应，控制两极分化的进程，增加有效分蘖，提高成穗率；或者进行蹲苗，不使成穗过多，防止倒伏。

15. 不同高产途径下小麦冬前壮苗的标准是什么？

小麦壮苗与种子饱满度以及土、肥、水、气候和温度等多种因素有关，而在诸多因素中尤以冬前积温最为重要，故适期播种就成为冬前培育壮苗的关键。

当前，衡量壮苗的标准，一是糖分含量，一般壮苗叶、蘖含糖量高，浓度大，抗冻能力强，易安全越冬；二是麦苗长相，多以苗色、叶形、叶数、蘖数和次生根数为指标，并以冬前积温来概算。现以分蘖穗为主（精播），主、蘖穗并重（半精播）和以主茎穗为主（独秆麦）3条高产途径分述。

(1) 精播壮苗 冬前要求叶色浓绿，匍匐生长，一般长出5叶1心至7叶1心，生长5～10个以上的分蘖，次生根6～12条以上，根蘖比达到（1.1～1.3）∶1，冬前0℃以上积温宜在600～700℃·d以上。

(2) 半精播壮苗 冬前要求叶色浓绿，匍匐或半匍匐生长，一般生出4叶1心至6叶1心，产生3～6个以上的分蘖，扎次生根3～6条以上，根、蘖比达（1～1.1）∶1，冬前0℃以上积温为500～600℃·d。

(3) 独秆壮苗 冬前要求叶色青绿，半匍匐或匍匐生长，一般长出3叶1心至4叶1心，生长2～3个分蘖，次生根2～3条，根蘖比1∶1左右，需冬前0℃以上积温为400～500℃·d。

实践证明，以上3种苗情，在较好地力基础上，若能采取相适宜的配套技术，其穗、粒、重的乘积相近，均可实现亩产 500 千克左右的高产指标。

16. 小麦什么时候开始"怀胎"？

农民常把小麦打苞挑旗时称为"怀胎"，华北一带有"谷雨麦怀胎"的说法。实际上小麦在这以前早就"怀胎"了。而挑旗时的"打苞"只是形态上的显著变化，把这时称为物候期的孕穗期，也称为挑旗期。此时，穗子的发育已到了最后一个时期，即四分子（性细胞）分化形成期，穗子基本成型。

把形态上的"孕穗"叫做"怀胎"，是个误解。按照小麦的生长发育规律，随着植株的生长、器官的分化而其发育不断变化。当小麦春化阶段结束时，茎顶端的生长锥便开始伸长，这个伸长后的生长锥即是幼穗原基。实质上，小麦从这时起，就已经"怀胎"了。冬性品种，一般在返青后就开始幼穗分化，半冬性品种多在冬前开始，春性品种一般在 3 叶期即已开始。

17. 小麦的穗子由几部分构成？如何从植株的生长变化判断穗发育过程？

小麦穗子由穗轴和若干个小穗（穗码）组成。穗轴是由许多个节片组成。各小穗长在穗轴节片上，每个小穗又包括 1 个小穗轴、2 个护颖和数朵小花。一个发育完全的小花又包括外颖、内颖、1个浆片、3 个雄蕊和 1 个雌蕊。每个雄蕊由花丝和花药组成。雌蕊由子房和羽状柱头组成。开花后，受精的子房发育成籽粒。

幼穗发育从生长锥伸长开始，经过穗轴节片分化期（单棱期）、小穗分化期（二棱期）、护颖分化期、小花分化期、雌雄蕊原基分化期、药隔形成期、雌雄蕊形成期和四分子期。

冬小麦的穗分化无论冬前开始还是返青后开始，在起身以前主要是分化、形成穗轴节片。当植株开始起身时，即进入小穗分化期。此时植株基部第 1 伸长节间刚开始伸长，年后第 2 叶片长出，第 1 伸长叶鞘显著伸长。当年后第 3 叶片长出，茎伸长 1～2 厘米时，穗分化进入小花分化期。这以前是决定小穗数多少的关键时期，也是决定"码数""排数"多少的时期。冬前的肥水、返青肥水对增码促粒有促进作用，一般中、低产田效果较好，这与促蘖增穗是一致的。而高产田苗壮蘖足，肥水不缺。若这时仍施肥浇水，对增粒并没有明显效果。如促得过猛，反而产生副作用。

年后第4叶片长出，茎基部节间迅速伸长，长出地面，此时为小花分化盛期。中部小穗先分化的小花开始长出雌雄蕊突起。随着节间的伸长，植株进入拔节期，雌雄蕊普遍分化，并进入药隔形成期。此阶段是决定结实小穗数的关键时期。因此，加强起身至拔节期的管理，就可以促进小花发育，增加结实码数，减少不孕码。旗叶伸出前，全部雌雄蕊即已分化完成。随后，形成药隔的花药进一步分化发育，进入四分子形成期。此时，旗叶全部伸出。这一阶段即拔节到挑旗是决定结实粒数的关键时期。

18. 了解小麦幼穗分化进程在生产上有何意义？

（1）穗分化与冻害　河北种植的小麦品种多为冬性、半冬性品种，春性品种极少。在常年气候条件下，冬性品种"春化"时间长，穗分化多在翌春返青开始，较易安全越冬；半冬性品种"春化"通过快，穗分化开始早，一旦播种偏早，冬前穗分化进入二棱期，抗冻能力大减，只要遭遇-10℃、持续5小时的低温，幼穗就易受冻。故应特别注意选定高产的品种和适宜的播期。

（2）穗分化与增粒　小麦穗分化的进程，年际间、品种间差异较大，主要原因是受当时气温和品种遗传力的影响，如果从年后开始穗分化，一般伸长期需3~6天，单棱期历时8~12天，二棱期6~18天，护颖分化期3~6天，小花分化历时5~9天，雌雄蕊期6~12天，药隔期6~9天，不同品种、播期间都有前期差异较大，后期逐渐走向一致的特点。因此，高产田的肥水管理要满足穗分化期间的肥水供应，尤以中、后期的肥水供应最为重要。

小麦穗分化，在河北气候和高产栽培条件下，同品种年际间的小穗数、小花数基本上是稳定的，因此，争取穗大粒多的关键是减少不孕小穗和小花数，提高结实率。研究表明，高产麦田拔节至药隔期追肥浇水，可减少小穗退化，每穗可增加 2～3 粒。小穗退化处在拔节至拔节后的 3～5 天，即是生长春 4 叶至春 5 叶间；小花退化多处于孕穗至挑旗或开花期，小花受精坐脐后长至半粒仍有退化的可能。要减少小穗小花退化，争取穗大粒多，就要抓紧拔节前后直至挑旗、开花的肥水运筹，满足营养需要，以及防止病虫危害，才能促进光合产物的有效供给和积累，起到增小穗、增粒数的作用。

19. 为什么会有瞎码、瞎花？怎样减少瞎码、瞎花？

一般情况下，一个麦穗通常可以分化形成 12～20 个小穗（码）。一个麦穗可分化 6～8 朵小花。这样，每个麦穗至少可分化小花百朵以上。但最后结实的多者 30～40 粒，少者仅有十几粒。即结实小花通常只有百分之二三十，而百分之七八十的小花退化了，通常麦穗基部的几个小穗几乎不孕，而成为瞎码。造成瞎码、瞎花的原因主要是由于小穗、小花发育的不均衡性和外界条件不良。就一个麦穗来讲，中部小穗发育最早，依次为中上、中下、上部、基部最晚。就一个小穗来说，基部小花分化最早，发育健全，成穗率高。分化越晚，退化越多。如果外界条件再赶不上，例如缺水、缺肥、光照差，光合产物不足，碳氮比失调等更会加重这种退化。

要减少小穗、小花退化，主要应抓好合理促控，保持适宜的群体结构和良好的水肥供应。

（1）培育壮苗，促大蘖早发，使小花分化发育早，延长小花原始体到四分体形成期的持续时间，能使较多的花顺利形成四分体。

（2）群体结构合理，改善光照条件，使其能积累较多的营养物质，增强小花的分化程度，缩短分化时间。

（3）调节肥水供应，保证拔节、孕穗期间不脱肥受旱，在不缺氮的前提下，增施磷、钾肥，能促进碳水化合物的形成和运输，加速穗器官的分化速度和强度，利于性细胞的良好发育，提高结实率。

20. 简述小麦籽粒灌浆与成熟的过程

河北省小麦籽粒灌浆阶段一般历时 30～35 天。由于此阶段气温高、干热风危害多，常导致粒重不稳。

（1）籽粒形成期 据研究测定，小麦开花受精后，子房随即膨大、"坐脐"，经 10～12 天籽粒外形基本形成，长度可达最大值的 3/4，称为多半仁，这段时间为籽粒形成期。该期含水率高达 70% 以上，干物质增长缓慢，千粒重日增量一般 1.2～1.4 克。此阶段干物质积累量约为全量的 30%。

（2）乳熟期 多半仁以后，籽粒进入灌浆阶段，胚乳迅速积累淀粉，称为乳熟期。一般历时 12～20 天，此期含水率缓降为 45% 左右，籽粒灌浆强度大，千粒重日增 1.5～2.5 克以上，至乳熟末期干物质积累量超过全量的 80%。

（3）成熟期 该阶段分蜡熟期和完熟期。蜡熟期 6～8 天，含水率继续降低到 25%～35%，干物质积累量显著减慢，日增 0.3～0.4 克。到蜡熟末期籽粒变硬成熟，干物质积累达 100%，含水量降至 20%，即需抓紧收获。也就是说蜡熟末期是小麦适宜收获期。

籽粒干物质积累的主要来源有两个：一是抽穗前在茎鞘等营养器官中贮存的物质；二是抽穗后植株绿色器官形成的光合产物。前者占 2/3 以上，其中上部叶片起重要作用，尤其是旗叶，输入籽粒的光合产物占籽粒干物质总量的 1/3 以上。据研究资料，来源于穗部叶的光合产物约占 29.5%，旗叶约占 37.4%，穗下节间的约占 20.3%，前三项合计为 87.2%，其余来自倒 2 叶和倒 2 节间。总之，上部 3 片叶和穗部对籽粒形成和灌浆强度影响很大，因此生产上应注意保护这几片叶子和穗部不受损害，维持较长的绿色功能期，以发挥其对提高粒重、实现高产的作用。

小麦灌浆阶段的适宜温度为 20～22℃，如气温高于 25℃，会失水过快而缩短灌浆过程；温度低于 18℃，灌浆强度降低，也会影响粒重。小麦成熟前根系活力降低，如降雨 20 毫米以上，使土壤水分增多、空气减少，麦根呼吸受阻，极易窒息死亡，造成青枯，粒重下降；特别雨后遇高温（28℃以上），"迫熟"现象更为明显，故群众有"霜雨"之称。因此，后期麦田浇水不宜太晚，以免影响粒重的提高，降低高产水平。

二、小麦栽培土、肥、水基础知识

1. 适合小麦生长的高产麦田土壤应具备哪些特点?

适合小麦生长的高产麦田应具备以下特点。

(1) 土层深厚,地面平整 亩产 500 千克小麦的麦田,要求土层厚度大于 80 厘米,土地平整,坡降保持在 0.1%~0.2%,以便增加保肥蓄水能力和提高播种及田间管理质量。

(2) 土壤理化性状好,肥力高,养分比例协调 土壤是固、液、气三相组成的疏松多孔体,三相比宜在 50:25:25 或 50:30:20。土壤容重 1.3~1.4 克/厘米³,总孔隙度 50%左右,通气孔隙度 10%~12%以上。土壤宜耕期长,肥、水、气、热协调,土壤 pH 为 6.5~8.5。含盐量如硫酸盐宜在 0.5%以内,氯化盐不超过 0.14%为宜。耕层养分含量,有机质宜在 1%~1.5%、全氮 0.08%、碱解氮 670 毫克/千克、速效磷 25~35 毫克/千克、速效钾 100~120 毫克/千克以上,碳氮比在 10 以下,氮磷比 (1.5~1.7):1。

(3) 土壤有益微生物多,生物活性强 高产土壤由于含有机质多,结构好,水、气适宜,微生物种类多、繁殖快、数量大、活性强。良好的耕作层每克土含微生物 6 万个。

2. 小麦需要哪些营养元素?

小麦一生所必需的营养元素有:碳、氢、氧、氮、磷、钾、钙、镁、硫、铁等大量元素以及锰、铜、锌、硼、钼等微量元素。小麦一生所积累的干物质中,大量元素碳、氢、氧占 95%左右;氮、磷、钾各占 1%以上;钙、镁、硫、铁各占 0.1%以上;锰、铜、锌、硼、钼等微量元素各占 6 毫克/千克以上。其中,碳、氢、氧元素主要来自空气和水,通过光合作用而获得,而氮、磷、钾、钙、镁、硫、铁及其他微量元素主要依靠根系从土壤中吸收。

3. 氮、磷、钾肥料三要素在小麦生育过程中各起什么作用？

在小麦生长发育过程中通过根系从土壤中吸收的营养元素中，氮、磷、钾相对来说需要量较大，而且土壤中含量又相对不足，需靠施肥来补充，因此，氮、磷、钾常被称为肥料三要素。三要素对小麦生长发育所起的作用各不相同，不能互相代替，缺少某一种或配合失调，都会使小麦生育受到影响，以致减产。

（1）氮素是构成小麦细胞原生质的主要成分，没有氮素，就没有蛋白质、叶绿素和各种酶。氮素肥料能促进小麦根、茎、叶和分蘖的生长，增加绿色面积及叶绿素含量。

（2）磷素不仅是小麦细胞核的重要成分，而且直接参与呼吸和光合作用进程。磷素充足，有利于小麦的分蘖、生根、穗子发育以及籽粒灌浆，可提早成熟，增加粒重。在寒冷地区，增施磷肥还可增强小麦的抗寒能力。

（3）钾能促进碳水化合物的合成、转化和运输，使茎叶健壮，增强抗倒抗病虫能力；同时，钾对原生质胶体的理化性质有良好影响，可提高小麦抗寒、耐热、抗干旱能力。

4. 每生产 100 千克小麦约需氮、磷、钾各多少？大致比例是多少？

研究表明，小麦每生产 100 千克籽粒，约需从土壤中吸收纯氮 3 千克，有效磷 1～1.5 千克，有效钾 4 千克。三者间比例约为 3：1：4。随着产量水平的提高，氮、磷、钾吸收总量相应增加，这是确定小麦生产适宜施肥量的重要依据之一。

5. 小麦一生需要多少水？

由于各地自然条件、栽培条件、产量水平及测定方法不同，小麦一生总耗水量出入较大，但大体来说在 400～600 毫米（合每亩 260～400 米³）。每生产 0.5 千克小麦籽粒，需耗水 325～750 千克，而且随产量水平的提高总耗水绝对量增加，但耗水系数（每生产 0.5 千克小麦的耗水量）相对降低。

6. 小麦生长速度与肥水吸收特点是什么？

（1）越冬前 小麦越冬前处在气温下降的阶段，从播种到越冬虽有约 2 个月的时间，占至全生育期的 1/4 左右（表 1），而且生长量不大，干物质积累少，需肥水量也较小（表 2～表 4）。

（2）越冬至返青 从表 1～表 4 中可以看出：越冬到返青 2 个半月到 3 个月的时间，约占全生育期的 1/4，由于低温影响，小麦基本上处于停滞状态，苗量和需肥水数量都无明显增加。

表 1　冬小麦不同生育阶段干物质累积量

生育阶段	生育时间			干物质		
	天数	常年各段约占月数	常年各段约占比例	累积量（千克/亩）	阶段增加量（千克/亩）	阶段增加倍数
播种至越冬	50	2	1/4	31.00	31.00	
越冬至返青	96	2.5～3	1/4 强	37.75	6.75	
返青至拔节	44	1.6	1/4 弱	107.95	70.20	2.4
拔节至开花	30	1	1/8	455.45	347.50	11.2～5.0
开花至成熟	24	1	1/8	791.85	336.40	10.9～4.8

数据来源：山东省农业科学院。

表 2　冬小麦不同生育阶段氮、磷、钾吸收量

生育阶段（日/月）	常年各阶段约占月数	氮（N）		磷（P_2O_5）		钾（K_2O）	
		千克/亩	%	千克/亩	%	千克/亩	%
播种至越冬（9/10）（27/11）	2	1.21	14.87	0.24	9.07	0.62	6.95
越冬至返青（3/3）	2.5～3	0.22	2.17	0.05	2.04	0.25	3.41

（续）

生育阶段 （日/月）	常年各 阶段约 占月数	氮（N）		磷（P_2O_5）		钾（K_2O）	
		千克/亩	%	千克/亩	%	千克/亩	%
返青至拔节 （16/4）	1.5	1.99	23.64	0.48	17.78	2.70	29.75
拔节至开花 （16/5）	1	2.63	31.29	1.72	63.65	5.34	59.89
开花至成熟 （9/6）	1	2.36	28.03	0.20	7.46	－3.25	36.47

数据来源：山东省农业科学院。

了解小麦生长速度与肥水吸收特点，及时供应，满足正常生育需要，是夺取高产的关键。

冬小麦适期播种，从种到收需 8 个多月。在漫长的生育时间里，随着温度的变化，生育速率和对肥水的吸收均有悬殊差异。

表 3　亩产 500 千克小麦不同生育阶段的需水量

生育阶段	天数	阶段需水量 （米³/亩）	阶段需水量 （％）	日均需水量 （米³/亩）
播种至越冬	65	76.5	22.31	1.18
越冬至返青	86	26.3	7.67	0.30
返青至拔节	34	37.7	10.99	1.10
拔节至开花	38	103.1	30.06	2.70
开花至成熟	32	99.3	28.96	3.11
合计或平均	255	342.9	100.00	1.34

数据来源：山东省高产栽培研究协作组，1980 年。

表4　冬小麦不同生育阶段耗水量

生育阶段	天数	阶段需水量 （米³/亩）	阶段需水量 （%）	平均日耗水量 （米³/亩）
播种至越冬	80	54.84	16.38	0.69
越冬至返青	87	18.78	5.44	0.22
返青至拔节	34	41.66	12.06	1.23
拔节至开花	31	117.91	34.14	3.80
开花至成熟	32	112.20	32.48	3.51
合计或平均	264	345.39	100.00	1.31

数据来源：北京，1956—1958 年。

注：耗水量与需水量所需的实际水量基本一致。

（3）返青至拔节　返青至拔节约 1 个半月，占不到生育期的 1/4，但因气温处在回升阶段，小麦要返青、扩权和起身，生长量和需肥水量较越冬前明显增多。

（4）拔节至开花　拔节至开花约 1 个多月，是小麦生殖生长和营养生长并进速长阶段，生育期仅占全生育期的 1/8，而生长量和需肥水量大大超过冬前或返青至拔节的任何一个阶段，也超出或接近抽穗到成熟的高温阶段。调查证明，此期是小麦拔节、长高和基本定型阶段，日生长速度高达 4～5 厘米以上，是小麦一生生长最快的时期。干物质的增长量是冬前麦苗干物重的 11.2 倍，是返青拔节期的 5 倍，因而需氮量也比冬前增加 2.1 倍，比返青拔节期增加 1.3 倍，占到全生育期的 30% 以上。磷、钾肥的需要量更大，占到全生育期的 60% 左右，其中钾肥到了需肥的顶点。耗水量也都远远超过冬前和返青至拔节阶段，达到需水总量的 30% 左右。

（5）抽穗、开花至成熟　此期主要是生殖生长阶段，需氮素较多，仍占总肥量的 28.03%，磷肥较前减少，钾肥产生了倒流，耗水量仍较大。

综上所述，小麦起身之前，由于麦苗较小，温度较低，植株干物质积累量较少，对氮、磷、钾及水分的吸收量也相对较少；起身以后，随着植株迅速生长，养分、水分需求量也急剧增加，拔节至孕穗期小麦对氮、磷、钾的吸收速率达到一生的高峰期，对氮、磷的吸收量在成熟期达到最大值，对钾的吸收在抽穗期达到最大累积量，其后钾的吸收出现负值。小麦不同生育时期营养元素吸收后的积累分配，主要随生长中心的转移而变化。苗期吸收的营养元素主要用于分蘖和叶片等营养器官的建成；拔节至开花期主要用于茎秆和幼穗分化；开花以后则主要流向籽粒。磷的积累分配与氮的基本相似，但吸收量远小于氮。钾向籽粒中转移量很少。

7. 什么是测土配方施肥？测土配方施肥的基本原则是什么？

测土配方施肥是以肥料田间试验、土壤测试为基础，根据作物需肥规律、土壤供肥性能和肥料效应，在合理施用有机肥的基础上，确定氮、磷、钾及中微量元素的施用品种、数量、施肥时期和施用方法。

根据我国目前土壤肥力状况和肥料资源的特点，施肥时应注意以下原则：一是氮磷钾以及中微量元素化肥配合施用；二是化肥与有机肥配合使用；三是用地与养地相结合，投入与产出相平衡。

8. 测土配方施肥包括几大定律学说？

测土配方施肥的理论依据包括六大定律学说。

一是最小养分定律。在作物生长过程中，如果出现一种或几种必需的营养元素供给不足时，按作物需要量来说，最缺的那一种养分就是最小养分。这种最小养分就会影响作物生长和限制产量。只有增加最小养分的数量，产量才能提高。

二是同等重要定律。对农作物来讲，不论大量元素或微量元素都是同样重要、缺一不可的。

三是不可替代定律。作物需要的各种营养元素，在作物体内都有一定功效，相互之间不能替代，缺少了某一营养元素，就必须施用含有该种营养元素的肥料进行补充。

四是肥料效应报酬递减定律。就是说，随着施肥量的增加，施肥的经济效益逐渐减少，如果过量投入这种肥料，就会导致减产。

五是养分归还（补偿）学说。土壤是个巨大的养分库，但土壤养分不是取之不尽用之不竭。为保持土壤有足够的养分供应容量和强度，保持土壤养分的携出与输入间的平衡，必须通过施肥这一措施来实现。依靠施肥形式，可以把被作物吸收的养分"归还"于土壤，才能使土壤肥力常新。

六是生产因子的综合作用。施肥不是一个孤立的行为，而是农业生产中的一个环节。小麦的产量不仅与施肥有关，还与影响作物生长的水分、温度、二氧化碳的浓度、光照等其他环境因子有关。要使肥料充分发挥其增产潜力，必须考虑其他环境因子。可以说科学施肥要有系统工程的观点。

9. 小麦施肥技术包括哪些？

小麦的施肥技术应包括施肥量、施肥时期和施肥方法。

（1）施肥量（千克/亩）＝[计划产量所需养分量（千克/亩）－土壤当季供给养分量（千克/亩）]/[肥料养分含量（％）×肥料利用率（％）]。计划产量所需养分量可根据 100 千克籽粒所需养分量来确定。土壤供肥状况一般以不施肥麦田产出小麦的养分量测知土壤提供的养分数量，在田间条件下，氮肥的当季利用率一般为 30％～50％，磷肥为 10％～20％，高者可达 25％～30％，钾肥多为 40％～70％。有机肥的利用率因肥料种类和腐熟程度不同而差异很大，一般为 20％～25％。一般中低产田应增施磷肥、氮磷配合，产量在 200 千克/亩以下的低产田，氮磷比为 1∶1 左右；产量在 200～400 千克/亩时，氮磷比以 1∶0.5 为宜；产量在 500～600 千克/亩时，氮磷比以 1∶0.4 为宜。

（2）施肥时期因根据小麦的需肥动态（表5）和肥效时期（表6）来确定。

表 5　冬小麦不同时期氮、磷、钾累计进程

生育时期	干物质（千克/亩）	氮（N）		磷（P_2O_5）		钾（K_2O）	
		千克/亩	累计量（%）	千克/亩	累计量（%）	千克/亩	累计量（%）
三叶期	11.2	0.51	3.76	0.18	3.08	0.52	3.32
越冬期	56.1	2.03	14.98	0.77	13.18	2.05	13.11
返青期	56.4	2.06	15.20	0.71	12.16	1.62	10.36
起身期	51.2	2.31	17.05	0.97	16.61	2.26	14.45
拔节期	168.6	5.90	43.54	1.68	28.77	6.46	41.30
孕穗期	420.5	10.85	80.07	3.32	56.85	14.28	91.30
抽穗期	495.2	11.34	83.69	3.6	61.64	15.64	100.00
开花期	530.4	10.98	81.03	3.82	65.41	13.74	87.85
花后20天	842.7	12.05	88.93	4.48	76.71	12.31	78.71
成熟期	1 034.4	13.55	100.00	5.84	100.00	12.77	81.65

数据来源：河北农业大学。

注：数据为冀麦24、冀麦7号和丰抗2号3个品种的平均值，平均产量465.1千克/亩。

表 6　不同叶龄时期的施肥效应

施肥时期主茎叶龄	肥效作用部位							株形与群体结构
	叶位	鞘位	节位	分蘖	穗数	粒数	粒重	
春一叶	2,3*,4	1,2*,3		增蘖*	增穗			春季分蘖多群体大
春二叶	3,4*,5	2,3*,4	1	增蘖*	增穗			
春三叶	4,5*,6	3,4*,5	1*,2	增穗				分蘖成穗率高，中下部节间长，叶面积大
春四叶	5,6*	4,5*,6	1,2*,3	增穗	增粒			
倒二叶	6	5,6*	2,3*,4			增粒*	增重	小花结实率高，秆壮，穗大

（续）

施肥时期 主茎叶龄	肥效作用部位							株形与群体结构
	叶位	鞘位	节位	分蘖	穗数	粒数	粒重	
旗叶		6	3,4*,5			增粒*	增重*	
旗叶展开			4,5*			增粒	增重*	籽粒饱满,叶根功能期长

数据来源：北京市农林科学院。

注：①施肥时期主茎叶龄为露尖 2 厘米；② * 表示肥效作用大，无 * 标记的次之。

(3) 施肥方法 一般冬小麦生长期较长，播种前一次性施肥的麦田极易出现前期生长过旺而后期脱肥早衰的现象。后期追施氮肥，对提高粒重和蛋白质含量的效果较好。小麦吸收的氮素，约有 2/3 来自土壤，1/3 是当季肥料供给的。所以，小麦目标产量是根据土壤肥力水平和常年高产试验而得出的。

10. 河北省麦田一般施用多少氮肥？基追比例如何？

(1) 高肥力麦田（土壤有机质含量＞15 克/千克）亩产 500 千克以上，亩施氮肥（N）13～16 千克；其中，总氮量的 30%～40%作为基肥。

(2) 中肥力麦田（有机质含量 10～15 克/千克）亩产 500 千克，亩施氮肥（N）14～16 千克；其中，总氮量的 40%～50%作为基肥。

(3) 低肥力麦田（有机质含量＜10 克/千克）亩产 400～500 千克，亩施氮肥（N）12～16 千克；其中，总氮量的 50%～60%作为基肥。

11. 如何确定冬小麦磷肥施用量？河北省麦田一般施用多少磷肥？

按照土壤有效磷测试结果和养分丰缺指标进行分级，当有效磷水平处在中等时，可以将目标产量需要量的 100%～110%作为当季磷用量；随着有效磷含量的增加，需要减少磷用量，直至不施；而随着有效磷含量的降低，需要适当增加磷用量；在极度缺磷的土壤上，可以施到需要量的 150%～200%，在 2～4 年后根据土壤有效磷和产量的变化再对磷肥用量进行调整。

河北省冬小麦亩产量 300～400 千克，当土壤有效磷含量处于中等水平（14～30 毫克/千克）时，可每亩施用 3.5～5 千克磷肥（P_2O_5）；当土壤有效磷含量处于低水平（7～14 毫克/千克）时，可每亩施用 5.2～7 千克磷肥（P_2O_5）。亩产 400～500 千克，当土壤有效磷含量处于中等水平时，可每亩施用 5～6 千克磷肥（P_2O_5）；当土壤有效磷含量处于低水平时，可每亩施用 6～9 千克磷肥（P_2O_5）；当土壤有效磷含量处于高水平时，可不施用磷肥。

12. 如何确定冬小麦钾肥施用量？河北省麦田一般施用多少钾肥？

按照土壤速效钾测试结果和养分丰缺指标进行分级，当速效钾（K）处在中等时，可以将目标产量需要量的 100%～110% 作为当季钾用量；随着速效钾（K）含量的增加，需要减少钾肥用量，直至不施；而随着速效钾（K）的降低，需要适当增加钾肥用量；在极缺钾的土壤上，可以施到需要量的 150%～200%。如果麦田实行了秸秆还田或施用了有机肥，需要相应减少钾肥施用量。

冬小麦亩产量 300～400 千克，当土壤速效钾肥（K）含量处于中等水平时，可每亩施用 2～3 千克钾肥（K_2O）；当土壤速效钾（K）含量处于低水平时，可每亩施用 3～4 千克钾肥（K_2O）。冬小麦亩产 400～500 千克时，当土壤速效钾（K）含量处于中等水平时，可每亩施用 3～4 千克钾肥（K_2O），当土壤速效钾（K）含量处于低于平时时，可每亩施用 4～5 千克钾肥（K_2O）；当土壤速效钾（K）含量处于高水平时，可不施用钾肥。

13. 盐碱地小麦施化肥应注意哪些问题？

盐碱地小麦施用化肥，不同于一般好地。如施用不当，则适得其反。因此，需要注意以下几个问题。

（1）要选择合适的化肥品种 化肥性质有酸性、碱性和中性之分。酸性、中性化肥可以在盐碱地施用，而碱性肥料则应避免在盐碱地施用。如尿素、碳酸氢铵、硝酸铵等在土壤中不残留任何杂质，不会增加土壤中的盐分和碱性，适宜在盐碱地施用；硫酸铵是生理酸性肥料，其中的铵被小麦吸收后，残留的硫酸根有降低盐碱土碱性的作用，也适宜在盐碱地施用；而石灰氮、草木灰等这些碱性肥料就不适宜盐碱地施用。在盐碱地施用磷肥，应选择过磷酸钙。而钙镁磷肥就没有效果，却会增加盐碱地的碱性。

（2）与有机肥配合施用 盐碱地施用化肥配合有机肥，可降低土壤溶液浓度，减轻由于施用化肥而引起的盐碱害。

（3）要注意施肥方法和数量 铵态氮肥在盐碱地施用易引起氨的挥发，尤其要强调深施埋严。一次施肥量要比一般好地适当减少，避免使土壤溶液浓度骤然提高很多。

14. 什么是小麦氮肥后移技术？该技术有哪些好处？

小麦氮肥后移施肥技术是与常规施肥相比，施氮量后移，即在底施有机肥、磷、钾肥的基础上，减少基肥和前期（冬前或返青）的氮肥用量。其次，与常规施肥相比，春季氮肥施用时期后移，由原来的返青期追肥后移至拔节期之孕穗期。"前氮后移"可延缓根系和旗叶的衰老，改善后期光和物质生产能力，提高小麦产量。该技术适用于土壤肥力水平高、灌溉条件好的田块。

15. 小麦不同生育时期适宜的土壤水分含量是多少？

小麦不同生育时期，对土壤水分含量的要求不同。

（1）播种至出苗 此期应维持土壤田间最大持水量的 75% 左右，以满足种子萌发出苗过程中对水分的需求，该期间土壤如果低于土壤田间最大持水量的 55%，则出苗困难，低于 35% 则不能出苗。

（2）出苗至返青 此期要求维持在田间最大持水量的 75%～

80%，以利于幼苗的健壮生长，分蘖增加。较高的土壤水分也有利于增大对温度（冬前低温）的缓冲性能，有利于安全越冬。

(3) 拔节至抽穗 该阶段气温上升较快，营养生长和生殖生长同时旺盛进行，器官大量形成，对水分的反应极为敏感，该期间适宜的土壤水分含量应维持在田间最大持水量的 70%～90%，如低于 60%，则会导致分蘖成穗数和穗粒数的下降，对籽粒产量造成很大影响。

(4) 开花至成熟 此期应保持土壤含水量不低于田间最大持水量的 70%，以促进籽粒灌浆，增加千粒重，低于 70%易造成干旱高温逼熟现象，导致粒重降低。

16. 怎样测定麦田土壤含水量？

测定土壤水分有烘干法、燃烧法、焙干法和锅炒法，烘干法测定的土壤水分最为准确，但需要有烘箱设备。燃烧法需要酒精，而且土壤中有机质均被燃烧，有机质多的土壤测出的土壤水分略偏高（但差距不大）。后两种方法不需要什么设备，只要有火炉和铁锅就行。但焙干法时间较长，锅炒法误差较大。无论用何种方法，均需要准确地采取土样和称好湿重。

采取土样最好用取土器（即取土钻），于田间均匀选 3～5 点，按层次取出土样，一般生产上取 0～20 厘米即可。钻取土样后立即装入铝合或不漏气的塑料袋，盖严或扎好口，拿回来立即称重，按编号做好记录，即为湿重。称重最好用天平，没有天平用克秤或两秤也行。而且要在取土前先把准备好的干燥铝盒或塑料袋称好皮重并编号。如果没有取土钻，也可挖剖面取土，即挖一个深于 20 厘米的土坑，快速将坑壁一面修整齐，在 0～20 厘米深的坑壁上均匀刮取一层土壤装入容器内（这一程序一定要快），再按上述程序称重。

采取土样后即可选择任何一法进行水分测定，现分述如下。

(1) 烘干法 称好湿重的土样敞开盒盖置于烘箱内（塑料袋不能直接烘，要倒出烘干），在 105℃恒温下烘至恒重。一般 8 小时即可，取出称干重，做好记录。称好后再放入烘箱烘 4 个小时，再称至恒重即可进行计算。

（2）燃烧法 把酒精倒入盛土的铝盒，将土浸透，点燃酒精燃烧，这样反复两次，即可烧干，称干重。塑料袋装的可倒入碗内燃烧。

（3）焙干法 将称过湿重的土样倒在不怕烧的平底容器内，摊开，置于炉台上高温焙干，上面要盖一层纸，以免灰尘落入，影响准确性，直焙至恒重为止。

（4）锅炒法 即用铁锅在火炉上炒干至恒重。注意翻动时动作要轻，以免溅出或粉土面飞扬，加大误差。

计算公式：

$$土壤含水率(\%) = \frac{湿土重 - 干土重（注意减去皮重）}{干土重} \times 100$$

换算公式：

$$土壤含水率相当田间持水量(\%) = \frac{土壤含水率}{田间最大持水量} \times 100$$

一般华北几种主要土壤田间最大持水最为：沙土 $16\% \sim 22\%$，壤土 $22\% \sim 28\%$，黏土 $25\% \sim 35\%$。

例：有一中壤土地（一般田间最大持水量 $24\% \sim 25\%$，测得土壤湿土重为 8.5 两（42.5 克），干土重为 7.1 两（35.5 克），土壤含水率是多少？相当田间最大持水量是多少？

计算：

$$土壤含水率(\%) = \frac{8.5 - 7.1}{7.1} \times 100 = 19.7\%$$

$$土壤含水率相当田间持水量 = \frac{19.7}{24.0} \times 100 = 82.1\%$$

17. 小麦如何减少无效耗水？

小麦适期晚播，可以减少冬前麦田无效耗水，为免浇冻水创造条件；小麦播种后采取垄内镇压、垄背不镇压的方法可以降低麦田水分蒸发；春季灌水后应及时疏松表土，可以减少蒸发耗水。

18. 什么是小麦小畦灌溉技术?

通过精细整地,将农田整理成小的畦田,即"长畦改短畦,宽畦改窄畦,大畦改小畦",土壤质地偏沙的畦田小一些,土壤质地偏粘的畦田适当大一些,一般每亩整理成畦块 10 个左右,畦田宽度 6~8 米为宜,畦田长度 10~12 米,畦田埂高度一般 0.2~0.3 米,底宽 0.4 米左右。以畦田为单元进行灌溉,可有效控制灌水量,减少水分流失。

19. 如何计算小麦的田间耗水量?

小麦一生中田间的耗水量可由下述公式计算:耗水量(米³/亩)=(播种时土壤储水量+生长期总灌水量+有效降水量)-收获期土壤储水量。

根据研究资料,小麦一生中的总耗水量大致为 260~400 米³/亩。小麦的耗水量主要是植株叶面蒸腾与棵间蒸发,质地较粗的土壤还有一定量的渗漏损失,其中叶面蒸腾的占总耗水量的 60%~70%,棵间蒸发约占总耗水量的 30%左右,渗透损失一般小于10%,小麦生长前期苗小叶少,地面覆盖少,棵间蒸发大;随着麦苗的生长,叶面积逐渐增大,植株叶面蒸腾的比重加大。由于小麦一生总耗水量大部分是通过叶面蒸腾,因此,随着产品水平的提高,叶面积的增大,耗水量也相应增加,但耗水系数却相对降低。实施科学灌水是小麦生产中降低耗水系数,提高水分利用率,达到高产高效的一个重要环节。科学灌水对于小麦生产中减少土壤中水分及灌水的渗漏损失,进而减少肥料(N 素)的淋溶,保护生态环境具有重要作用。

三、小麦播种及田间管理技术

1. 小麦播种过程中要做好哪些技术环节?

小麦播种过程中要特别注意以下几个技术环节:秸秆还田、施足底肥、浇水造墒、旋耕整地、药剂拌种、确定播期、控制播量、等行全密种植、播深适宜、耙耱镇压等。各环节紧密相连,缺一不可。

2. 麦田玉米秸秆还田应注意哪些问题?

玉米秸秆还田,能够有效增加土壤有机质,改善土壤团粒结构,增强土壤保水保肥能力,是提高小麦稳产高产的一项重要措施。但在生产上要注意以下几个问题。

(1) 秸秆要切碎 把玉米秸秆趁鲜铡成 3～6 厘米的短节,或采用机械粉碎法粉碎,以免秸秆过长土压不实,影响小麦出苗和生长。

(2) 足墒还田 玉米秸秆还田后,由于秸秆本身吸水和微生物分解吸水,会降低土壤含水量。因此,要及时浇水以使切碎的秸秆与土壤紧密接触,防止被架空。

(3) 补施氮肥 土壤微生物在分解秸秆时,需要一定的氮素,会出现与小麦幼苗争夺土壤中的氮素现象。因此,秸秆还田时要按每 100 千克秸秆加入 10 千克碳酸氢铵的比例进行补肥,这样可避免小麦苗期缺氮发黄。对缺磷土壤还应配施速效磷肥,以促进微生物的活动,有利于秸秆的腐烂分解。

(4) 数量要适宜 玉米秸秆还田以每亩 300～400 千克为宜,多了反而影响小麦根系生长。

(5) 耕翻深度要合理 玉米秸秆还田时,一般应埋入 10 厘米以下土层中,并且要耙平压实。同时还要注意本田秸秆还本田,不要将本田秸秆还到其他田。

（6）防止病虫害传播 玉米秸秆还田时，要选用生长良好的玉米秸秆，不要把有病虫害的玉米秸秆还田，以免病虫害蔓延和传播。

3. 小麦播前精细整地有什么好处？盐碱地耕翻整地要注意什么？

精细整地是小麦播前准备的主要技术环节，是保证苗齐、苗全、苗匀的主要基础措施之一，秸秆还田的质量直接关联着整地质量和出苗的好坏。因此，玉米收获后要趁秸秆含水量较高时及时进行粉碎作业，要把秸秆粉碎精细，长度要控制在 10 厘米以下，力争 3～5 厘米。旋耕深度要尽可能达到 15 厘米以上，旋耕 2 遍。整地时要根据土壤墒情掌握好时间，达到土地平整、上虚下实、无明暗坷垃的要求。同时，为有效打破犁底层，减少雨季径流，增加土壤储水量，改善耕层土壤理化性状，提高整地质量和出苗率，应大力推广深松技术。一般每隔 3 年左右深松一次，深度 25 厘米以上。总体上讲，整地的标准是：深、平、细、碎、实，也就是说耕层要深、地面要耙平、耙细、压碎坷垃，达到上虚下实。

盐碱地耕翻整地时要注意 3 个问题：一是耕作时间。在秋作物收获后，耕作时间愈早愈好。主要是防止土壤水分蒸发而引起耕层含盐量的增加。二是耕翻耙地技术。一般盐碱地深耕效果更显著。除了加深耕层熟化土壤外，耕地越深，抑制下层盐分向表层积聚的作用愈强。但下层盐碱重的地不可深翻，可上翻下松。准备种麦的盐碱地一般要耕湿耙干。耕湿，可以墒足盐轻，易拿全苗；耙干，可以养坷垃，减轻盐碱害。耕地后播种前如果遇雨，雨后必须耙地，要始终使地面保持一个疏松的保护层。三是土地平整问题。"盐随水来，水去盐存"，地面起伏不平的土地，较高处水分蒸发快，造成不同位置的土壤湿度差，随着低处水分向高出移动的过程，也将盐带去，水分蒸发后盐分便积聚起来，形成盐碱斑。因此，整平土地是盐碱地拿全苗的重要措施，也是实现合理灌溉的基础。

4. 为什么要强调小麦足墒播种？

"无墒不种麦"，足墒播种是确保小麦实现"苗全、苗齐、苗匀、苗壮"的关键措施之一，也是实施小麦节水栽培的重要基础。按小麦生物学特性，种子只有吸收其本身干重 50％左右的水分，才能萌发出苗。在幼苗阶段，水分更是主要因素。如果水分不足，不仅种子发芽出苗缓慢，而且迟迟不分蘗，形成分蘗缺位就很难达到冬前壮苗标准。总之，足墒播种不但能使发芽、出苗齐全，而且影响到小麦整个生育状况和产量。何谓足墒？综合各地经验，一般认为足墒的耕层土壤水分指标是：壤土地 17％～18％，沙土地 16％左右，黏土地 20％左右，低于上述指标，便应灌底墒水。因此，小麦播种时，要掌握表墒适宜，耕层土壤含水量宜在适宜指标以上。如果上茬作物玉米成熟后期无大的降雨过程，播前必须要浇足底墒水，确保足墒播种。玉米成熟偏晚的，提倡带棵洇地，补充深层水分。

5. 生产上为什么要强调施足底肥？

适当增施底肥，确保底肥充足，有利于培育冬前壮苗，有效缓解春季管理时水分与养分的矛盾，争取春季管理主动。因此，要改变底肥不足和不施底肥而在冬前浇水时追施肥的被动施肥的习惯。一般高产麦田要掌握磷、钾肥全部底施；氮素化肥占全生育期总施氮量的 50％～60％。在氮、磷、钾、微合理施用的基础上，应大力推广配方施肥技术。一般亩底施纯氮 6～8 千克，五氧化二磷 7～9 千克，缺钾麦田亩施氧化钾 5～7 千克，提倡增施有机肥。

6. 小麦深松旋耕分层混合施肥技术有何好处？

小麦底肥肥料养分主要聚集在土壤耕层，特别是磷肥养分移动性差，土壤深层磷元素不足，与小麦根系下扎较深不对应，养分利用率低。而深松旋耕分层混合施肥技术将深松与深施肥相结合，起到增加蓄水、打破犁底层、底肥深施的综合作用，是实现小麦高产超高产的需要。因此，各地要配备相应的机械，大力推广该项技术。

7. 为什么播前强调对小麦种子进行药剂拌种?

药剂拌种是防止小麦地下虫害和土传、种传病害，保证苗全、苗壮的有效措施。近年来，河北省局部区域地下害虫危害加重、土传病害呈蔓延趋势。但在生产上仍存在着"重虫害、轻病害"或针对性差等问题。因此，播前要大力推广种子包衣技术和药剂拌种技术，针对当地主要病虫种类，选用对路药剂，重点抓好散黑穗病、全蚀病、地下害虫等病虫防治。

8. 怎样根据小麦冬前生长适宜的积温指标计算最佳播种期?

一般冬小麦从播种到出苗约需 0℃ 以上积温 120℃，以后每长出 1 片叶子约需积温 75℃。在河北、山东、河南、江苏、安徽等省，冬前日平均气温达到 0℃ 时小麦进入越冬期，这时冬性和半冬性品种壮苗的主茎叶龄为 6 叶和 6 叶 1 心，达到 8 叶时为旺苗。这样就可以计算了：冬性和半冬性品种生长到 6 叶和 6 叶 1 心需要 0℃ 以上积温为 500～645℃，再根据当地日平均气温达到 0℃ 的日期，往前累加每天的 0℃ 以上的日平均气温，加到小麦形成壮苗所需 0℃ 以上积温之日即是当地适宜的播种期。

9. 河北省冬小麦在适宜播期范围内适当推迟播期有何好处?

在适宜播期范围内，适当推迟播期，既可以实现冬前壮苗，又有利于减少冬前水分蒸腾，实现节水抗旱，减少冬前旺苗，增强抗寒能力。根据多年生产实践，河北省南部麦区适宜播期 10 月 8～18 日，中部麦区 10 月 5～13 日，北部麦区 10 月 1～8 日。适期晚播，可有效杜绝播种过早造成叶龄偏大、群体偏大和抗旱、抗寒能力降低的现象发生。

10. 什么是播期播量配套技术？

小麦播期播量配套技术是指依据播期调整相应播量达到播期、播量合理配套。播期播量配套是实现冬前小麦合理群体结构，争取最终理想亩穗数的关键。多年的生产实践证明，播量充足合理的年份，群体穗数更有保证，实现增产的把握就更大。一般河北省冬小麦在适宜播期范围内，冀中南麦区应掌握亩基本苗 20 万～25 万株，冀东和北部麦区掌握在 25 万～30 万株；超出适期范围后，每晚播 1 天播量增加 0.5 千克，实现播期播量相配套。

11. 推广小麦等行全密种植技术有何好处？

小麦等行全密种植技术，可有效利用土地资源、光热资源，减轻缺苗断垄的影响，改善群个体结构，增加群体穗数，实现增产。目前，河北省重点推广的等行全密种植形式为 12～15 厘米等行距全密种植形式；示范种植无垄匀播种植技术。

12. 小麦机械精细播种应注意哪些问题？

采用小麦机械精细播种技术是确保小麦苗匀、苗齐、苗全的关键。一要注意掌握播种速度，不能过快过慢，要匀速慢行，时速 4～5 千米为宜；二要掌握合理播深，不能过深过浅，一般以 3～5 厘米为宜；三要精细整地、精细播种，减少缺苗断垄和"撮子苗"现象。

13. 小麦播后强力镇压有何好处？

小麦播后镇压可有效碾碎坷垃，踏实土壤，增强种子与土壤的接触度，提高出苗率，起到既可抗旱又抗寒的作用，减轻旱害和冻害的影响。因此，在小麦播种后出苗前土壤表层墒情适宜时，利用专用镇压器进行全覆盖镇压作业，对提高播种质量、提高出苗质量、培育壮苗至关重要。

14. 河北省冬小麦冬前管理的主攻方向是什么？

小麦从出苗到越冬直至翌年返青，均为营养生长时期。其生育特点是：出叶、分蘖、盘库。因此，冬前管理的主攻目标是促根、增蘖、育壮苗，协调幼苗生长与养分贮备的关系，使幼苗能够安全越冬，以提高分蘖成穗率，为来年穗多穗大打好基础。

15. 河北省冬小麦一、二、三类苗划分标准是什么？

综合各地多年小麦生产实践，河北省冬小麦一、二、三类苗大体划分标准是：

(1) 一类苗（壮苗）　越冬前和返青期，亩总茎数 60 万～80 万个，亩三叶以上大蘖 40 万以上，单株分蘖 4～6 个，单株次生根 6～10 条，主茎叶片 6～7 片；起身拔节期，亩总茎数 80 万～120 万个，单株分蘖 4～6 个。

(2) 二类苗（一般苗）　越冬前和返青期，亩总茎数 40 万～60 万个，亩三叶大蘖 20 万～40 万个，单株分蘖 2～3 个，单株次生根 3～6 条；起身拔节期亩总茎数 60 万～80 万个，单株次生根 3～4 个。

(3) 三类苗（弱苗）　叶色发黄，叶片窄短；越冬前和返青期，亩总茎数 40 万以下，单株分蘖 1～2 个，单株次生根 2 条以下；起身拔节期，亩总茎数 50 万以下，单株分蘖 3 个以下，单株次生根 4 条以下。

16. 小麦田间考察如何测算亩基本苗、亩茎数、亩穗数？

了解掌握小麦亩基本苗、亩茎数、亩穗数的田间测定方法，是基层农技推广人员和小麦种植人员了解小麦群个体发育状况、科学管理麦田的基本技能。综合各地农技工作者多年的经验，现将小麦亩基本苗、亩茎数、亩穗数的田间测算方法介绍如下。

(1) 取样方式　一是五点取样法，在一块麦田取多个代表小区，每个小区前后各取 2 个点，中间取一个样点；二是 S 形取点，在一块麦田以 S 形取多个样点。

（2）测算方法 每个样点取相邻两行小麦，量 1 米长度，数出这个范围内的基本苗、茎数、穗数（单位：个）；再测量该麦田种植的平均行距（单位：寸）。

计算依据：1 亩＝60 平方丈＝60 000 平方寸　1 米＝30 寸

计算公式：亩基本苗（茎数、穗数）＝1 米双行调查数×（60 000÷30×行距×2）÷10 000

在行距以寸为单位的前提下，亩基本苗（茎数、穗数）的计算公式可简化为：

亩基本苗（茎数、穗数）＝1 米双行调查个数÷平均行距（单位：寸）　最后得出的数值单位为万/亩。

17. 小麦冬前管理主要抓好几个方面?

（1）及时查苗补苗 小麦出苗后，查苗要及时，补种要快，时间愈早愈好，一般应在 1～2 叶期内补齐。补种方法：一是浸种催芽；二是疏苗移栽。

（2）实施麦田杂草秋治技术 冬小麦 3～6 叶期间，禾本科杂草 2～5 叶期间、杂草基本出齐苗，田间无泥泞积水，晴天且 4 天内无霜冻和大雨时，喷药防治杂草。一般以播娘蒿、荠菜、藜、麦瓶草等阔叶杂草为主的麦田，每亩用 72% 2,4-D 丁酯 25～30 毫升或 10% 苯磺隆，亩用 6 克兑水 30 千克，茎叶喷雾；以猪殃殃等恶性阔叶杂草为主的冬麦田，每亩用快灭灵 2 克＋苯磺隆 6 克，兑水 30 千克，茎叶喷雾；以节节麦、雀麦、看麦娘等恶性禾本科杂草为主的冬麦田，亩用 3.6% 阔世玛 20～25 克，兑水 30 千克，茎叶喷雾；节节麦、雀麦、看麦娘、猪殃殃等恶性杂草混合发生的冬麦田，每亩用快灭灵 2 克＋阔世玛 20 克＋苯磺隆 6 克，兑水 30 千克，茎叶喷雾。

（3）科学浇好封冻水 小麦越冬前浇灌冻水，具有平抑地温、粉碎坷垃、杀灭越冬害虫，保护麦苗安全越冬的作用，还能够冬水春用，提高春季麦田土壤水分含量，为早春小麦植株生长及推迟第一次肥水使用时期创造了良好的生长条件。但是，浇冻水也不能"一刀切"，必须依据墒情、苗情和温度而定。一看墒情。耕层土壤含水量，沙土低于 15%～16%，壤土低于 17%～18%，黏土低于19%～20%，均应进行冬灌。如高于上述指标可以不浇。二是看苗情。晚播麦长势差，叶少蘖缺或单根独苗，对这类麦田大部分底墒水浇得晚，且此时天气渐冷，土壤蒸发渐缓，一般可以保住墒。为了使其能利用冬春间歇回暖的有效积温，促进晚麦生育，在底墒不缺的情况下，不宜冬灌。三看温度。浇冻水的时间以日平均气温稳定在 3～4℃时进行，此时正值昼消夜冻时节，所灌水分能够当日下渗。灌水时间忌过早或过晚，如过早，气温较高，水分蒸发增多，所起作用减少；反之，如果过晚浇水，地表形成冻层，所灌水分易积水结冰造成窒息死苗。多年来试验证明，当日平均气温下降到 7～8℃（立冬后）开始，至 3℃左右（小雪节后）浇完为宜。

（4）结合浇冻水，巧追冬肥　冬肥基本上是冬施春用。其主要作用：一是可巩固冬前蘖，促进年后蘖，增加亩穗数；二是促进年后一、二、三叶增大；三是促进基部一、二节拉长。因此，冬肥的使用要特别强调因地力、苗情而用。一般对于底肥不足，群体偏小，总茎数不足计划要求的二、三类麦田及早播旺长脱肥麦田，均应结合浇冻水追肥，追肥数量可占总追肥量的 30%～40%，这样既可促进小麦翌春早返青，又可增加分蘖和巩固冬前分蘖，提高成穗率。但是，对于底肥充足，苗壮蘖足，总茎数 60 万以上的一类苗，一般不施或酌情少施，以免春季分蘖过多，群体过大，造成中后期管理被动或引起倒伏。总之，结合浇冻水追肥不要千篇一律，应以促弱转壮，壮而不旺为原则。

（5）严禁麦田放牧啃青　麦田放牧啃青造成的后果：一是影响正常生长，返青晚，生长弱，发育迟；二是减少了糖分积累，抗冻能力消弱，冻害重，死苗多；三是易造成生理干旱死苗；四是啃青后造成伤口，除易受冻害外，病害极易侵入，易得病。故应严禁麦田放牧啃青。

18. 什么是"缩脖苗""小老苗""肥烧苗"?

(1)"缩脖苗" 群众对因干旱缺水而形成的黄弱苗形象地说成"缩脖苗"。其主要表现:幼苗基部叶尖干黄,上部叶色灰绿;分蘖和次生根少,或不能发生;植株生长缓慢,心叶迟迟不长,呈现"缩脖"现象;严重时基部叶片枯黄干死,植株停止生长,黄叶渐及向上发展,导致全株死亡。"缩脖苗"多发生在抢墒播种、土壤干旱以及由于整地粗放、土壤过松、暗坷垃悬空而根与土壤不能紧密接触,吸水困难的麦田。因此,在小麦生产上,应尽最大努力避免抢墒播种和粗耕粗种。如果一旦出现了这类麦田,就要及时采取补救措施。

当小麦出苗后,要随时注意检查墒情和苗情,若有干旱"缩脖"症状出现时,就要及早浇灌分蘖盘根水,以便补充水分,踏实架空的土壤,促进肥效的发挥。如果麦田未施底肥或土壤肥力不足,可结合浇水追施分蘖肥。浇水后要及时中耕锄划保墒和防止土壤板结。

对于一些水源条件较差或旱地麦田,则应采取镇压措施。一可提墒,二可根土密接。必要时,可反复进行,压后挠划保墒。

(2)"小老苗" "小老苗"是一种形象的叫法。其主要特点是,既小又老。"小"是指生长迟缓,植株矮小瘦弱;"老"是指年龄而言,虽然苗小,但"年龄"不小。"小老苗"多出现在缺磷以及干、湿板结、播种过浅等情况的麦田,在冬前和冬后均有发生。鉴别"小老苗"要从地和苗两方面入手。一般低洼下湿地、稻茬地,因排水不良加之有机底肥用量较少,往往导致土壤通透性极差。此外,因浇水不当所引起的干、湿板结地,均可严重影响根系的有氧呼吸。同时,由于通透性差、地温低,也会限制土壤内速效氮磷养分的释放,因而影响了发苗,故形成"小老苗"。还有历年不施或很少施用有机肥和磷肥的薄瘦地,新平整的肥力不匀的生地,以及晚茬麦因冬灌水量过大或春灌过早等原因,均易发生"小老苗"。有时，因播种覆土过浅，也会形成"矮短小老苗"。从苗上看，"小老苗"与正常苗相比，表现为矮小、瘦弱、叶片窄、短、分蘖细小或无分蘖；叶鞘和叶片颜色先是灰绿无光，后变铁锈发紫，基部老叶渐次向上变黄、干枯；次生根少，生长不良，新根出生慢，老根变锈色。各生育期均落后5～7天，特别是春季迟迟不返青、不起身，最终表现为穗少、杆矮、穗头小、成熟迟，产量极低。

要解决"小老苗"问题，最根本的措施是搞好排灌设施，深耕增施有机肥，增施氮磷化肥作底肥，培肥地力。当"小老苗"发生后，可根据不同情况采取相应的补救措施。主要是多松土，破除板结，改善土壤通透性，提高地温；结合深松土，深施氮磷混合化肥或无机、有机混合肥。每亩用标准磷肥15～20千克，混合氮肥10～15千克，开沟深施3寸*。施肥时，一般要结合浇水进行，否则，很难发挥肥效。如土壤过湿不能浇水或无浇水条件时，可顺垄浇灌化肥水或实行根外喷肥。即用2％的尿素溶液和2％～4％的过磷酸钙溶液混合，每亩顺垄浇灌200～250千克。顺垄喷施时，每亩用25～50千克即可，一周一次，连喷2～3次。过浅苗则应浇水，并逐步适当培土，冬季还应盖粪保苗。

(3)"肥烧苗" "肥烧苗"是由于施肥不当或药害而发生的黄苗。其症状是：叶片或叶尖发黄，长势减弱，分蘖减少甚至不能发生，严重时叶片干枯而渐及死亡。就全田苗情来看，黄苗常呈轻重不同，无规律的点片发生。有时症状出现很快，但出现后蔓延并不迅速。检查麦苗根系则可发现：根尖发锈，或根尖膨大，呈鸡爪根；新根出生不久便停止生长，变得短粗、无根毛；有的在根的某一个部位出现铁锈色甚至烂皮，严重时危及根茎和分蘖节，造成死苗。这就是所说的"肥烧苗"。

"肥烧苗"发生的原因，主要是由于：施用种肥过多，化肥品种选用不当，尤其是过量施用尿素、碳酸氢铵做种肥；磷肥质量

＊ 寸为非法定计量单位，1寸≈3.3厘米。余同。——编者注

差、酸度大；过多施用未腐熟有机肥且撒施不匀；直接还田的秸秆粉碎粗糙且施用量大等。

解决"肥烧苗"的根本措施是：合理施用底肥，严格掌握底化肥的种类、用量及药剂处理的剂量。当发现"肥烧苗"时，其补救措施是立即浇水，浇水后及时锄划。

19. 冬前对早播旺长苗怎么处理?

冬前旺苗多是由于播种过早或偏早，播量又偏大形成的。一般有3种情况：

第一种，肥力基础较高，施肥量多，墒情适宜，加之，播种偏早，因而麦苗生长势强，分蘖多，速度快，很容易形成大群体，而且植株高，叶片长大，称为旺苗。如遇暖冬，年后继续旺长，遇冷冬则冻害严重。对这类麦田要及早采取措施，不等形成大群体，当发现生长势强，分蘖过猛时就要及时采取控制措施。方法有二：一是多次反复压麦，使主茎和大蘖适当受伤，减缓生长，使其在恢复过程中减少对小蘖的营养供应。二是深中耕断根，控上促下。一般深锄3寸左右。

第二种，有一定的地力基础，因基本苗偏多、播种偏早而形成的旺苗，一般是假旺苗，这种苗若不管，到越冬前或越冬后就会逐渐衰退变成弱苗，所谓"麦无二旺"，即指这种苗。对此应进行疏苗并适当进行镇压或深锄，并于浇冻水时追施适量化肥（一般10～15千克/亩硫酸铵），年后可转化为壮苗。

第三种，地并不太肥，只是由于播种过早，基本苗过多，温度高，苗子挤，使其蹿高徒长。这种旺苗往往分蘖并不太多，表现叶长细高，常在越冬前脱肥落黄，反而形成黄苗，遇此情况，只要及早疏苗并补肥浇水，就可促其转旺为壮。

20. 冬小麦越冬死苗的主要原因是什么?

造成冬小麦越冬死苗的原因除气象因素外，从栽培角度看，主要以下几个方面。

（1）**选用的品种只注意丰产性，忽视抗寒性** 将半冬性品种、春性品种盲目引入冬性品种种植区，或种植半冬性品种提早播种，就会造成冻害死苗。

（2）**土壤瘠薄地种高产种，品种、地力不适应** 不适当的在旱薄盐碱地上种植高产品种，因其适应性差，会加重冻害死苗。

（3）**晚播粗种，加重冻害** 一种耕作制度即受制于当地热量条件，也受生产条件的制约。如不顾客观条件不适当的扩大小麦面积，提高复种指数，致使每年都有一批耕作粗放的晚播麦，再加上品种不配套，苗弱抗性差，冻害严重。

（4）**早播旺长，降低抗寒性** 如果播种过早，麦苗旺长，弱冬性品种甚至冬性弱的品种在冬前就穗分化达到二棱期以后，抗寒性降低，造成冻害死苗。

（5）**整地、播种质量差，也易造成冻害** 随着机械化程度的提高，机耕、机播面积的迅速扩大，但随之而来的农机具不配套，机手技术差等问题也表现突出，常常整地、播种质量不高，土壤不踏实，透风跑墒，播种过深过浅等，均会加重冷旱年的死苗程度。

（6）**墒情不足，旱助寒威** 造墒不匀或天气干旱小雨后抢墒播种的麦田，底墒不足，土壤干旱，加重冻害。

（7）**浇水不当，不利越冬** 浇冻水时，以分蘖水代替冻水、浇冻水过晚或十冬腊月浇水等，均对保苗安全越冬不利。

（8）**牲畜猪羊啃青也加重冻害死苗的发生**

21. 冬前小麦浇水后不锄划有什么害处？

冬前小麦浇水后，如不锄划，麦田地表板结、裂缝，尤其是土壤黏重、灌水量大或整地质量较差的裂缝更重。板结不利于麦田根系生长和保墒；裂缝不仅造成严重失墒，还可拉断麦根，暴露出分蘖节，使小麦遭受寒、旱侵袭，极易受冻死苗。因此，浇水后要及时进行耧划、镇压，以弥封裂缝、破除板结，防止风抽和过多失墒。

22. 如何实施冬季压麦技术?

因地制宜搞好冬季压麦是消灭坷垃、弥封土壤裂缝、压实土壤、阻止冷空气侵袭、减小土壤温差、减少土壤中气态水分损失的一项有效措施。它可起到保温防寒,保墒抗旱,保苗越冬的作用。

冬季压麦应以下述几类麦田为重点:①旱地麦田。②冬季无雪,气候干燥,浇冻水早或未浇冻水的麦田。③因冻化跑墒,表土已落干到分蘖节的麦田。④整地质量不好,坷垃较多的麦田。⑤浇冻水较晚,或粘土低洼地,大冻后出现"凌指"现象的麦田。

冬季压麦时间:一般在土壤封冻后,麦田经过一冻一化,地表有一干土层时进行,一直到返青前均可镇压,但早压的比晚压的效果好。压时要选择晴天的中午或下午抓紧作业。早、晚有冻时不能压。盐碱地或容易风蚀的沙土地不宜压。土壤过干过硬有大裂缝时要先松土后压,压后再耧划,麦苗过弱的不宜压。

23. 春季对麦田进行锄划镇压有何好处?

对于土壤墒情较差及耕作粗放、坷垃较多、出现裂缝的麦田,于小麦起身前选择晴天午后进行锄划镇压,可起到压碎坷垃、弥封土壤裂缝,踏实土壤,既减少水分蒸发,又有利于提高低温,具有增温、提墒和保墒的作用。是维持土壤适宜水分含量、提高地温、推迟春季第一次肥水的有力措施。

24. 在春季麦田管理中,不同类型麦田的主攻方向有何区别?

春季麦田管理总体原则是:要根据苗情类型,适时、适量地运用水肥措施,协调好群体与个体的关系,实现秆壮、穗多、穗大,植株健壮,抗逆性强。

(1) 一类苗(壮苗) 亩总茎数 60 万~80 万,不超过 90 万。主茎和大蘖明显、粗壮,叶色深绿,单株分蘖 3~5 个,单株次生根 5~7 条。管理的主攻方向是:提高年前分蘖质量,控制春季分蘖,提高成穗率,培育壮秆大穗。在管理措施上,应促控结合。一是，在起身期喷施壮丰安等化控药剂，缩短基部第一节，控制植株旺长，促进根系下扎，防止生育后期倒伏。二是，对于地力水平较高、适期播种、亩茎数65万～80万的麦田，应采取氮肥后移，在拔节中期追肥浇水，亩追尿素12～15千克，有效控制无效分蘖过多增生，增加开花后干物质积累，提高生育后期旗叶的光合高值持续期和根系活力，延缓衰老，提高粒重。三是，对于地力一般，亩茎数60万～65万的麦田，要在小麦拔节初期进行肥水管理，结合浇水亩追尿素12～15千克。

(2) 二类苗（一般苗） 亩茎数45万～60万，单株分蘖2～3个，单株次生根4～6条。主攻方向是，巩固冬前分蘖，适当促进春季分蘖发生，提高分蘖成穗率。在管理措施上，对于地力水平一般、亩茎数在45万～50万的二类麦田，在小麦起身初期进行浇水，结合浇水亩追尿素10～15千克；对于地力水平较高，亩茎数50万～60万的二类麦田，在小麦起身中期追肥浇水。

(3) 三类苗（弱苗） 叶片发黄、叶片窄短，亩茎数45万左右，单株分蘖1～2个，单株次生根4条以下。春季管理的主攻方向是提温、促蘖、增穗，使之早发快长。春季肥水管理以促为主。一般春季追肥应分两次进行，第一次于返青中期，5厘米地温稳定在5℃时开始，施用春季追施氮素化肥总量的50%和适量的磷酸二铵，同时浇水，以促进春季分蘖、巩固冬前分蘖；剩余的50%氮素化肥待拔节后追施，以提高穗粒数。

25. 冬前旺长苗在春季应早管还是晚管?

冬前旺长这是小麦管理中经常遇到的一个问题。这里所说的管是指肥水而言。旺长苗是一种不正常苗，应在种植和冬前管理上采取措施尽量不使出现。一旦出现，要及时采取有力的补救措施。但旺长麦田的问题比较复杂，春季管理要根据具体情况区别对待，不能笼统地说早管早好，还是晚管晚好。

(1) 冬前已经脱肥的旺苗 春季管理的中心是保蘖争穗，争取把"麦无二旺"变成"秋旺春壮"。这类苗多为播种早且密度大，冬前主茎叶 7 片以上，上展叶长 20 厘米以上，群体数量较高，生长量过大。虽有一定地力和肥水基础，但因消耗量过多，致使速效养分不足而脱肥，重者形成黄苗。根系发育相对差于地上部，分蘖节积累糖分少。越冬时冻害较重，叶片常严重干枯，甚至主茎、大蘖冻死。返青较晚，返青后，春季有"四多四少"的特点，即老根多、新根少；黄叶多、绿叶少；冬蘖多、春蘖少；去的多、成的少。所以管理上应是以促为主。这类麦田最好是于冬前浇冻水时追施 5～10 千克尿素。返青期只中耕锄划保墒，于起身期重追并浇水。如果冬前浇水追肥后，由于秋冬干旱，返青时土壤田间持水量低于 60％时，可在返青期只浇水不追肥。如果冬前浇冻水时未追施化肥，则应于返青期即使是墒情够也要早追肥、浇水。但追肥不宜过重。返青肥过后，要加强锄划保墒，控一段时间，再于拔节期追施适量化肥，争取穗大粒多。

（2）虽有一定地力基础，但因播种较早，施了较多底化肥而形成的旺苗麦田在冬前虽未明显落黄，但经越冬冻害之后有可能脱肥，群众所说的"越长越抽""麦无二旺"即指这种苗。这类旺苗要在返青期早追肥浇水，不能误当成一类旺苗或真旺苗来管。但追肥量不宜过大，一般折标准肥 15 千克即可，以免促过头，仍会形成旺苗。

（3）对于冬前有拔节现象或旺麦田，越冬冻害很严重，有部分死苗、死蘖的地块，春季要一促到底，追肥量可适当大一些。

（4）地力基础好，施肥多，墒情又够的旺苗田，一般均群体大，大蘖多，冬后仍会继续旺长。这类苗要很控，除控返青水外，要加强深锄或镇压，推迟春季第一水到拔节期。

26. 春季对不同类型墒情麦田如何进行肥水管理？

（1）**墒情适宜的麦田** 0～20 厘米土壤田间最大持水量 75％以上，几乎没有干土层。第一次肥水应根据不同苗情分类实施，一类麦田在拔节以后实施；二类麦田在起身至拔节初期实施；三类麦田在起身中期实施。

（2）**墒情一般的麦田** 0～20厘米土壤田间最大持水量50%～60%，壤土条件下质量含水量13%～15%，干土层不超过5厘米，出现干枯叶的轻度受旱麦田，早春要先镇压提墒，再锄划保墒。第一次肥水可以推迟到起身中后期实施。

（3）**墒情较差的麦田** 0～20厘米土壤含水量50%，壤土条件下质量含水量13%以下，干土层5厘米以上，已发生点片死苗严重受旱麦田。要在冻土层化通后，及早浇"保苗水"。结合浇水合理追施化肥，总追肥量一般每亩15～18千克尿素。于起身至拔节期浇第一水的可一次性追施；在返青期浇"保苗水"的随水追施5～6千克尿素，拔节期浇第二水的追10～12千克尿素。

27. 如何把握小麦春季第一次肥水管理？

小麦春季第一次肥水管理，是协调群体与个体、营养生长与生殖生长的关键。因此，坚持因地因苗分类管理，科学运用第一次肥水至关重要。一般情况下，对于一类麦田应以"控"为主，将第一次肥水推迟到拔节期；三类麦田以"促"为主，第一次肥水应掌握在起身期实施；二类麦田要促控结合，以调控合理群体结构为主要目标，第一次肥水掌握在起身至拔节期实施，部分旱情严重的麦田可提早到返青至起身期实施第一次肥水。结合浇水亩施纯氮7～8千克，底肥不足的可适当增加，反之可适当减少。

春季浇水次数要因地、因苗制定。保墒、保肥能力强的中高产麦田，一般年份以浇好拔节水、扬花灌浆水为主；低产麦田、保墒保水能力差的中产田、沙薄漏地麦田，要适当增加浇水次数。

28. 小麦返青期管理的重点是什么？

在小麦返青期可进行顶凌耙压，起到保墒和促进麦苗早发稳长的作用。对于少数出现异常苗情的地块，如"僵苗""小老苗""黄苗""旺苗"等，应因苗制宜分类管理。"僵苗"是指麦苗生长停滞，长期停留在某一个叶龄期，不分蘖，不发根。"小老苗"是指麦苗生长到一定数量的叶片和分蘖后，生长缓慢，叶片短小，分蘖同伸关系遭到破坏。形成上述两种麦苗的原因是，土壤板结，通透性不良，土层薄，土壤肥力差或供肥不足。此种情况下，应疏松表土层，破除土壤板结，同时结合土壤顶凌返浆，开沟补施适量磷钾肥，以加速麦苗生长。对于因欠墒或缺肥造成的"黄苗"应在返浆期趁墒补施氮肥。对于"旺苗"，如土壤肥力高，底肥充足，应采取控的措施，推迟春季第一次肥水时间。如果地力差，由于早播形成的旺苗，要加强管理，适量补氮，防止脱肥。

29. 小麦中期的生育特点与调控目标是什么？

小麦生长中期是指起身期开始至抽穗期前的一段时期。该阶段的生育特点是：以幼穗分化为中心，并长叶、长茎、长根，营养生长与生殖生长并进。该期间随着生长发育进程，逐渐由营养生长为主转向以生殖生长为主。该阶段由于器官建成的多向性，生育速度快，生物量急剧增加，带来了小麦群体与个体的矛盾，此外还有营养生长与生殖生长的矛盾，以及个体、群体生长与环境条件的矛盾，形成了错综复杂相互影响的关系。能否妥善解决上述各个矛盾取决于这个阶段管理的成败，最终不仅直接决定穗数和穗粒数的建成，而且也将关系到中后期群体和个体的稳健生长和产量形成。该阶段的栽培管理目标是：根据苗情类型，适时、适量地运用肥水措施，协调好群体与个体的关系，实现秆壮、穗多、穗大、植株健壮，并为生育后期的生长发育奠定良好的基础。

30. 小麦后期管理的主要措施是什么？

（1）适时浇好灌浆水，防早衰、防倒伏 小麦从开花到成熟期，需水强度最大，需水量最多，开花后 10～15 天灌浆初期浇水，既有利于延长叶片和根系的功能期，提高灌浆强度；也有利于降低麦田温度，增加土壤湿度，增强小麦抗干热风的能力，防止早衰。注意避免大风天浇水，以防倒伏。

（2）及时拔除野杂麦和田间杂草，提高田间整齐度，防倒伏 野杂麦和恶性杂草不但与小麦争夺养分，而且还容易引起倒伏。目前野杂麦和雀麦、节节麦等恶性杂草抽穗，是人工拔除的关键时期，要抓紧时间认真拔除，并携到田外。

(3) 喷施叶面肥，防干热风、防早衰　在小麦灌浆期间喷施 0.2%~0.3% 磷酸二氢钾溶液和 1%~2% 的尿素溶液，不仅能有效提高小麦抗御干热风的能力，还能延缓叶片衰老，提高叶片的光合强度，增加粒重。

(4) 搞好后期"一喷综防"，防治病虫害　在灌浆期搞好以防治麦蚜、白粉病为主的"一喷综防"。喷药时要上下打匀打透，不要只喷穗部，亩兑水量一定要达到 50~75 千克。

(5) 适时收获，颗粒归仓　小麦蜡熟末期是收获的最佳时期，此时干物质积累达到最多，千粒重最高，应尽快进行收割。

31. 小麦倒伏的原因是什么？如何预防小麦倒伏？

小麦倒伏从时间上可分为早倒和晚倒，从形式上可分为根倒和茎倒。一般根倒多发生在晚期，受损失较小；茎倒则在早期和晚期均可发生，是倒伏的主要形式，损失较大。

造成小麦倒伏的原因主要有 4 种：一是品种选择不当，秸秆过高或缺乏弹性，抗倒伏能力差；二是种植密度过大，个体发育不壮，秸秆细软柔弱；三是中前期水肥施用过量或时间不当，群体过大，田间郁蔽，通风透光不良，引起组织柔嫩，叶大节长，"头重脚轻"，极易倒伏；四是后期浇水不当，或是种植基础较差，根系发育不好，一遇风雨或浇水遇风，易造成倒伏。

预防小麦倒伏的主要措施：一是选用抗倒品种；二是起身期、拔节前进行镇压，促地下，控旺长，镇压要注意"地湿、早晨、阴天"三不压的原则；三是起身至拔节期喷施壮锋安等调节剂，缩短基部节间，防止后期倒伏；四是推迟到拔节期进行第一次肥水；五是后期看天浇好灌浆水，要注意避开大风天气过程浇水。

32. 小麦倒伏后需要扶吗？

小麦倒伏以后，人们常以手扶、扎把等办法进行"抢救"，往往适得其反。这是什么原因呢？

经研究发现，小麦有一种特性，称为"背地性曲折"。就是在小麦叶鞘和节间基部"关节"处存在分化能力很强的居间分生组织。这种组织在幼茎时期含有大量的趋光生长素。当小麦倒伏后，由于这种生长素的作用，茎秆就由最旺盛的居间分生组织处向上生长，就可以使倒伏后的小麦抬起头来并转向直立。如果倒伏后采取手扶或捆把的措施，就会搅乱其倒向，使背地性曲折特性无法发挥，同时在扶和捆的过程中，即使非常小心，也会加重折伤，所以采取措施反而会更加减产。

根据经验，倒伏后还是不扶、不捆为好。如是因风雨而倒伏的，可在雨过天晴时，用竹竿轻轻抖落茎叶上的雨水珠、减轻压力，助其"抬头"，但切忌挑起而打乱倒向。

33. 什么是干热风？如何防止干热风对小麦的危害？

干热风是一种高温、低湿并伴有一定风力的农业灾害性天气。一般判断干热风的大致标准是：日最高气温大于 30℃，14 时风速大于 3 米/秒，14 时空气相对湿度低于 30%。

干热风是小麦生育后期的一种常发性气象灾害，小麦受害后一般可减产 5%～10%，个别严重的可达 20% 以上。干热风对小麦的危害，主要是由于高温、干旱、强风，使空气和土壤中的水分大量蒸发，小麦体内的水分消耗很快，从而破坏叶绿素等色素，阻碍光合作用进行，从而使植株很快由下往上青干。初夏时节，正是小麦灌浆时期，如遇到干热风麦穗不利灌浆，提前"枯熟"、麦粒干瘪，粒重下降，导致小麦严重减产。预防措施：

（1）浇好灌浆水　小麦开花后即进入小麦灌浆阶段，此时高温、干旱、强风迫使空气和土壤水分蒸发量增大，浇好灌浆水可以保持适宜的土壤水分，增加空气湿度，起到延缓根系早衰，增强叶片光合作用，达到预防或减轻干热风的危害。注意有风停浇，无风抢浇。灌浆水宜在灌浆初期浇。

（2）巧浇麦黄水　在小麦成熟前 10 天左右，根据小麦群体、天气状况、土壤墒情，在干热风来到之前浇一次麦黄水，可以明显改善田间小气候条件，减轻干热风危害。麦黄水在乳熟盛期到蜡熟始期浇。

(3) 叶面喷肥　在小麦开花至灌浆初期，用 1‰～2‰尿素溶液、0.2‰磷酸二氢钾溶液、2‰～4‰过磷酸钙浸出液或 15‰～20‰草木灰浸出液作叶面喷肥，每亩每次喷洒 20～100 千克，可以加速小麦后期的生长发育，预防或减轻干热风危害。

(4) 叶面喷醋　在小麦灌浆初期，用 0.1‰醋酸或 1∶800 醋溶液叶面喷施，可以缩小叶片上气孔的开张角度，抑制蒸腾作用，提高小麦植株抗干旱、抗干热风能力。

(5) "一喷三防"　小麦后期"一喷三防"是预防和减轻病虫害、干热风等危害的有效措施之一，因此，应根据病虫害发生情况和天气变化，喷施 2～3 次，能有效提高粒重，预防干热风。

34. 如何实施小麦后期"一喷三防"技术?

"一喷三防"是指小麦穗期采取的一项重要技术措施。通过将杀虫剂、杀菌剂、植物生长调节剂或微肥等混配喷雾，达到防病虫、防早衰、防干热风和提高粒重的目的。

(1) 防治时期　结合河北省小麦病虫发生实际，实施"一喷三防"的时期为小麦灌浆期，具体时间结合当地病虫种类及病虫防治指标适时实施。

(2) 防治对象　河北省小麦"一喷三防"主要防治对象为麦蚜、小麦白粉病、锈病、叶枯病，同时预防"干热风"。

(3) 防治指标　麦蚜防治指标：平均百株蚜量达 800 头以上。小麦白粉病：平均病叶率达 10%以上。小麦条锈病：平均病叶率达 0.5%以上。小麦叶锈病：平均病叶率达 3%以上。小麦干热风：气温 30℃以上、风力 3 级以上、空气相对湿度 30%以下。

(4) 防治用药　杀虫剂：烯啶虫胺、吡虫啉、吡蚜酮、噻虫嗪、乙酰甲胺磷、氰戊菊酯、高效氯氟氰菊酯、高效氯氰菊酯及含有以上成分的复配制剂。杀菌剂：三唑酮、烯唑醇、戊唑醇、丙环唑、已唑醇、苯醚甲环唑、腈菌唑、氟环唑、多菌灵、甲基硫菌灵、多抗霉素、春雷霉素及含有以上成分的复配制剂。叶面肥：磷酸二氢钾。

　　要根据当地小麦病虫发生种类和干热风情况，科学选用以上杀虫剂、杀菌剂和叶面肥，按照规定使用剂量或稀释倍数进行混合喷药，达到"一喷三防"的目的。

四、小麦主要病虫草害防治技术

1. 如何理解"预防为主，综合防治"的植保方针？

①加强监测预报；②注重预防性技术的应用；③各种不同防治技术互补；④注重防治的生态和经济效益。

2. 开展某种小麦病虫害预测预报主要包括哪几个工作环节？

主要包括：①病虫发生动态监测调查，取得监测资料；②历史资料的分析和有害生物的调查监测数据分析；③作出发生趋势预报；④预报的发布；⑤准确率评估。

3. 进行小麦有害生物田间调查时，有哪些田间取样方法？

田间取样方法主要有：五点取样、棋盘式取样、对角线取样、随即取样和均匀取样等。

由于病虫害在田间的分布型不同（主要有随机分布、均匀分布、聚集分布、嵌纹分布等），因此，在实际工作中要根据调查对象的田间分布型确定相应的取样方法。

4. 小麦常发生哪些病虫害？不同小麦种植区域主要防治对象是什么？

小麦从种到收，每个生育阶段都有病虫危害。病虫发生情况因不同小麦种植区域的品种分布、病虫基数、环境条件不同而有差异。据统计，小麦病虫害可达 40 余种。而常发生的病虫害主要有：

(1) 小麦病害 小麦锈病（条锈病、秆锈病、叶锈病）、小麦病毒病（丛矮病、黄矮病、土传花叶病、红矮病）、黑穗病（腥黑穗病、散黑穗病、秆黑粉病）、根腐病、白粉病、赤霉病、全饰病、线虫病、秆枯病、霜霉病和黑颖病等。

（2）小麦虫害 地下害虫（蝼蛄、蛴螬、金针虫、麦根椿象、麦秆蝇、拟地甲）、传毒昆虫（麦蚜、飞虱、叶蝉）、麦叶蜂、麦蜘蛛、黏虫、吸浆虫等。

鉴于不同小麦种植区域病虫发生情况的差异，各麦区的主要防治对象分别为：北方冬麦区，以防治小麦锈病、病毒病、白粉病、地下害虫、蚜虫、红蜘蛛、黏虫为主；南方麦区以防治赤霉病、白粉病、小麦锈病、蚜虫、黏虫、吸浆虫为主。

5. 河北省冬小麦主要病虫草害发生状况？

近年来，随着免耕、秸秆还田等耕作制度改革，机械化联合收割、统一耕种的普及，以及气候因素的改变，小麦病虫害的发生面积逐年扩大，为害程度加重，扩散加快。在小麦生产上，除了小麦锈病、小麦白粉病、麦蚜、麦叶蜂等一些老病虫以外，土传病害的发生面积逐年上升，如小麦纹枯病、小麦全蚀病、小麦根腐病已由南向北扩展，小麦赤霉病也由南向北上升为主要病害，散黑穗病的发生也有加重趋势，小麦吸浆虫扩散严重。看麦娘、节节麦、雀麦和野燕麦等麦田恶性禾本科杂草也由南向北扩散发生。

防治措施：

（1）播前防治

①种子包衣或药剂拌种防病虫。防治对象：根腐病、纹枯病、黑穗病、全蚀病、金针虫、蝼蛄。

②防治时间：10月上中旬。

③防治方法：一是选用高产抗病品种；二是对于全蚀病区，用12.5％全蚀净200毫升＋5千克水，拌种100千克，闷种4～8小时，晾干播种；三是根腐病、纹枯病、黑穗病、地下害虫区，用40％辛硫磷10毫升或敌委丹50毫升＋2％立克锈15克或2.5％适乐时15毫升＋2％立克锈15克或2.5％适乐时15毫升或0.2％多菌灵可湿粉，拌种10千克，随拌随播。

（2）冬前苗期化学除草治虫

①防治对象：灰飞虱、禾本科杂草。

②防治时间：10月中旬至11月上旬。

③防治方法：一是化学除草，亩用 3 克彪虎兑水 30 千克，均匀喷雾；二是对灰飞虱达到 10 头/米² 的麦田，喷 10％吡虫啉可湿性粉剂 2 000 倍液或菊酯类杀虫剂 1 000～2 000 倍液。

（3）返青至拔节期麦田化学除草治病

①防治对象：白粉病、纹枯病、根腐病、全蚀病、麦蜘蛛、灰飞虱、杂草等。

②防治时间：3 月中旬至 4 月上旬。

③防治方法：一是病害防治，每亩 12.5％禾果利 20 克（或 12.5％粉锈宁 50 克，或 50％多菌灵 75 克）兑水 30～50 千克，喷雾；二是虫害防治，亩用 1.8％阿维菌素 3 000 倍液，或用 20％达螨灵乳油 1 500 倍液；三是化学除草，3 月底以前，亩用 10％苯磺隆可湿性粉剂 10 克兑水 30 千克，均匀喷雾，世玛、阔世玛能够广谱杀灭禾本科杂草，但是其受温度和品种影响很大，使用不当易产生药害。

（4）拔节至抽穗防治吸浆虫、麦叶蜂

①防治时间：4 月中旬至 5 月上旬。

②防治方法：一是小麦出穗前 3～5 天，亩用 3％甲基异柳磷颗粒 2 千克或 3％辛硫磷颗粒剂 3～4 千克＋30 千克细砂土掺匀后撒入麦田，撒后浇水；二是抽穗期防治小麦吸浆虫成虫和麦叶蜂幼虫，采用 2.5％高效氯氰菊酯乳油 1 500 倍液等菊酯类农药进行喷雾。

（5）抽穗至扬花期防治麦蚜、赤霉病、白粉病、锈病

①防治时间：5 月上旬。

②防治方法：一是防治麦蚜，亩用 10％吡虫啉可湿性粉剂 20～30 克，或用 5％啶虫脒 20 克＋4.5％高效氯氰菊酯乳油 30 克，或 50％抗蚜威可湿性粉剂 25 克；二是防病，亩用 12.5％禾果利可湿性粉剂 20 克（或 50％多菌灵 75 毫升，或 75％甲基托布津 50 克）兑水 30 千克，喷雾；三是可加入叶面肥 0.2％磷酸二氢钾和 1％尿素，达到一喷多防的效果。

（6）灌浆至成熟期防治小麦叶枯病

①防治时间：5月中下旬。

②防治方法：一是5月20日左右，亩用12.5%禾果利可湿性粉剂20克（或50%多菌灵75毫升，或75%甲基托布津50克）兑水45千克，喷雾；二是可加入0.2%磷酸二氢钾或农家赞1号1 000倍液；三是拔除全饰病白穗株，病穴内喷施50%多菌灵500倍液消毒，剪除黑穗病株，烧毁病株枯叶；四是注意杀菌剂的交替使用，以防产生抗药性。

6. 怎样识别小麦的3种锈病？锈病对小麦产量影响如何？

小麦锈病又叫"黄疸"，可分条锈病、叶锈病、秆锈病3种。

（1）条锈病 发病部位，主要以叶部为主，其次是叶鞘、秆和穗；夏孢子堆鲜黄色、椭圆形、较小，表皮破裂不明显，排列整齐成条状，如缝纫机眼迹。

（2）叶锈病 发病部位，主要在叶部，叶鞘和秆上少；夏孢子堆颜色呈橘红色、形状圆形稍大，表皮破裂不明显，排列不规则散生乱。

（3）秆锈病 发病部位，以秸秆为主，其次是叶背、叶鞘和叶穗；夏孢子堆，颜色深褐色，形状菱形、较大，表皮破裂明显，排列大红斑、散生不规则。

7. 从病害流行学的角度看，制约小麦条锈病在河北省流行的主要因素是什么？在河北省流行的基本条件是什么？

制约河北省小麦条锈病流行的主要因素是：春季干旱少雨、有效的监测预警及早期防治和抗病品种的推广制约了条锈病在河北省的流行。

条锈病在河北省流行的基本条件主要有3个：一是要有足够的菌源；二是4月份至5月初有多雨、多雾、多露天气，雨、露、雾日多于常年；三是有大量的感病品种种植。

8. 综合防治小麦锈病的主要措施有哪些?

(1) 选用抗锈丰产优良品种,实行抗锈品种的合理布局和搭配,是防治小麦锈病经济有效、切实可行的方法。

(2) 运用栽培技术,加强水肥管理是促进小麦生长发育,减轻危害程度的重要保证。如适期播种,施足底肥、合理追施氮肥、适当配合磷钾肥,使小麦健壮、早熟。在锈病大发生时,南方麦区要注意开沟浇水;北方麦区要适当增加灌水次数,防止麦叶提早枯死。

(3) 根据病情,及时进行药剂防治是控制病害和减轻危害的有效手段。在做好锈病测报的基础上,抓准时机,采用最有效的粉锈宁等药剂及时防治,提高用药质量。

9. 小麦白粉病发病温度是多少?在河北省冬麦区流行的主要因素有哪些?

小麦白粉病适宜发病温度是 15～20℃。

在河北省冬麦区利于白粉病流行的主要因素有:高湿多雨、低温寡照、小麦群体过大、使用氮素化肥过多和浇水次数太多等。

10. 怎样识别和防治白粉病?

小麦白粉病是一种真菌性病害。病菌在病株残体上越冬,春季或秋季侵害小麦。白粉病主要危害叶片,严重时也可在叶鞘、茎秆上发生。

症状识别:发病初期叶上出现白色霉点,逐渐扩大成圆形或椭圆形的病斑,上面长出白粉状的霉层,以后变灰白色至淡褐色。后期在霉层中散生黑色小粒(子囊壳)。最后病叶逐渐变黄褐色而枯死。

小麦白粉病的流行主要与气候条件、栽培管理和品种抗性有关。小麦白粉病可以发生的温度范围为 0～25℃,最适温度为 15～20℃,10℃以下发生缓慢,25℃以上病害发生受到抑制。阴雨天多、湿度较大、光照不足时易流行危害。小麦播种过早、群体过大、偏施氮肥的田块发病重。药剂防治是春季防治小麦白粉病的主要措施。该病流行性强，在小麦孕穗抽穗期，病叶率达 10％时应及时用药。三唑酮是目前生产上用于防治小麦白粉病的常用药，可每亩用 15％三唑酮可湿性粉剂 20～30 克。近年来，有部分地区反映使用三唑酮防治小麦白粉病效果不佳，在这些地区，改用烯唑醇及其与三唑酮的复配剂防治白粉病以提高对白粉病的防治效果。

11. 如何识别小麦赤霉病（烂麦穗头）、纹枯病、根腐病、散黑穗病？

（1）赤霉病 小麦赤霉病是一种危害重、难防治的病害。一般在小麦灌浆后期表现症状，小穗干枯变白，穗轴枯死形成半截白穗，湿度大时在穗部产生粉红色霉层，病部小麦籽粒干瘪呆白，并含有对人畜有害的毒素，严重影响小麦品质和利用价值。粮食中病粒超过 4％，就可使人畜中毒。该病害一旦发现症状就失去了防治的意义，因此要提前预防。

症状识别：主要危害穗部，有时侵染茎节，小麦抽穗扬花期受病菌侵染，先是个别小穗发病，小穗基部变为水浸状，后渐失绿色，然后沿主穗轴上下扩展至邻近小穗。病部褐色或枯黄，潮湿时可产生粉红色霉层（分生孢子），空气干燥时病部和病部以上枯死，形成白穗，不产生霉层，后期病部可产生黑色颗粒（即子囊壳）。子粒干瘪、呆白，潮湿时产生白色或粉红色霉状物。小麦抽穗扬花期如遇连续 3 天以上降雨天气，即可造成病害流行。

（2）纹枯病 近几年，小麦纹枯病发生呈上升趋势，个别地块危害严重。

症状识别：主要危害植株下部的叶鞘和茎秆，小麦各个生育阶段都可发生。叶鞘上初为椭圆形水渍状病斑，后发展为中间灰白色，边缘浅褐色的云纹斑，病斑扩大连片形成花秆。茎秆上病斑梭形，纵裂，病斑扩大连片形成烂茎。由于花秆烂茎抽不出穗而形成枯孕穗或抽出后形成枯白穗，结实少，籽粒秕瘦。

（3）小麦根腐（叶枯）病 在小麦各生育期均可引起不同症状，严重地块可减产 30%～70%。主要是生长后期发病，病株易拔起，但根系不腐烂，不变黑，可引起倒伏和形成早衰型"白穗"。

症状识别：出土幼苗因地下部分受害苗弱叶黄，发育延迟。成株期继续发生根和茎基腐，植株易倒或提前枯死。叶片初期呈梭形小褐斑，多个病斑相连导致叶枯。叶鞘上形成褐色云纹状斑，严重时叶鞘连同叶片枯死。穗部颖壳上形成褐色不规则斑，穗轴及小枝变褐，潮湿时产生霉层。病种子上形成褐斑，胚变黑。

（4）小麦散黑穗病 该病直接为害穗部造成减产。

症状识别：小麦散黑穗病主要为害穗部，病株在孕穗前不表现症状。病穗比健穗较早抽出，病株比健康植株稍矮，初期病株外包一层灰色薄膜，未出苞叶前内部已完全变成黑粉（厚垣孢子）。病穗抽出时膜即破裂，黑粉随风飞散，只残留穗轴，在穗轴节部还可看到残余的黑粉，感病株通常所有分蘖麦穗和整个穗部的小穗都发病，但有时个别分蘖或小穗不受害。

12. 危害河北省小麦的主要虫害有哪些?

（1）麦蚜 从小麦苗期到乳熟期都可危害。以成虫和若虫刺吸小麦叶、茎、嫩穗内的养分，受害部位出现黄白色斑点，严重时叶片卷缩，不能抽穗，子粒灌浆不饱满，影响小麦产量和品质。麦蚜还可传播小麦黄矮病毒病。麦田蚜虫种类主要有三类：一是麦长管蚜，喜光耐潮湿，多在植株上部叶正面和穗部繁殖危害；二是麦二叉蚜，喜旱怕光照，分布在植株下部和叶背面；三是禾缢管蚜，喜湿怕光，嗜食茎秆和叶鞘。麦蚜的天敌种类很多，有瓢虫类、草蛉类、食蚜蝇类、蚜茧蜂、食蚜蜘蛛和蚜霉菌等，其中以瓢虫的捕食蚜量最大，蚜茧蜂的寄生率最高。

(2) 小麦吸浆虫 小麦吸浆虫为一种毁灭性害虫，危害小麦造成严重减产，直至绝收。目前，小麦吸浆虫已成为小麦生产上的一种主要害虫。形态为：成虫体微小纤细、形似蚊子，橘红色，密被细毛，体长 2～2.5 毫米。触角基部两节橙黄色，腹部细长。幼虫长 2.5～3 毫米，长椭圆形，橘黄色，无足蛆状。

(3) 麦蜘蛛 俗名火龙，有麦长腿蜘蛛和麦圆蜘蛛两种类型。麦蜘蛛以成螨和若螨危害，主要刺吸小麦叶片内养分，受害叶片先呈现白色斑点，以后变黄，严重时叶片枯死，延缓小麦生长发育，造成减产。

(4) 地下害虫 河北省麦田地下害虫以蝼蛄、蛴螬、金针虫为主。地下害虫在小麦播种后咬食小麦地下根茎，造成缺苗断垄，严重时要补种或重播。

①蝼蛄：俗名"啦啦蛄"，有华北蝼蛄和非洲蝼蛄两种。以成虫和若虫在土壤深处越冬。两种蝼蛄都有一对发达的适于掘土的前足；华北蝼蛄体黄褐色，全身密生黄褐色细毛，非洲蝼蛄体淡灰褐色，全身密生细毛。华北蝼蛄比非洲蝼蛄个大。蝼蛄在一年中有两个主要危害时期，即春播与秋播危害期。白天在土里，夜间地面活动，都有趋光性。

②蛴螬：成虫叫金龟子，幼虫叫蛴螬。主要有铜绿金龟子、华北大黑鳃金龟子、黑绒金龟子等种类。其危害情况比较复杂，有的以成虫危害为主，有的以幼虫危害为主，有的成虫、幼虫都危害。以铜绿金龟子为例，一年发生一代，一般以 3 龄幼虫在土中越冬，春暖后开始上升危害，6 月份成虫羽化出土，进行繁殖，在土中产卵。幼虫孵化后在土中危害作物种子和幼苗，持续危害到秋播小麦，10 月份后下移越冬。金龟子多为昼伏夜出，有很强的趋光性和假死性。

③金针虫：成虫叫叩头虫，幼虫叫金针虫，主要有 3 种，即沟金针虫、细胸金针虫、褐纹金针虫。以幼虫终年在土中生活危害。有春季（4～5 月）和秋季（9～10 月）两个主要危害时期，3 种金针虫均昼伏夜出，有趋光性。

13. 危害河北省麦田的杂草分几类? 如何防治?

危害河北省小麦的主要杂草分两大类:一是阔叶杂草,主要包括麦蒿、田旋花、灰菜等双子叶杂草;二是禾本科杂草,主要包括雀麦、节节麦、看麦娘、野燕麦等。

(1) 麦田杂草秋冬季防治 麦田杂草对小麦产量影响很大,秋季草龄小,防治效果理想,春季防治效果差且容易对小麦及下茬作物产生药害,为此目前大力提倡对麦田杂草进行秋冬防治。

①禾本科杂草的防治:防治时间掌握在小麦 3 叶期(10 月下旬至 11 月上旬),方法如下:以雀麦、看麦娘为主的麦田,亩用 70%彪虎(氟唑磺隆)3 克加专用助剂 10 克或使用 7.5%啶磺草胺(优先)12 克加专用助剂 15 毫升兑水 30~40 千克均匀喷雾;以节节麦为主的麦田,亩用 3%世玛(甲基二磺隆)30~40 毫升加专用助剂或 3.6%阔世玛水分散粒剂 20~25 克加专用助剂,兑水 30 千克喷施(优质麦田禁止使用)。春季在小麦抽穗后结合拔除野麦子及时拔除雀麦和节节麦等禾本科杂草。

②阔叶杂草的防治:于 11 月中下旬,浇冻水或趁雨后地表湿润时喷雾防治,以播娘蒿、荠菜为主的麦田,杂草密度少的,可亩用 10%苯磺隆 10 克兑水 30 千克喷施;对于密度偏大,已产生抗性的地块,亩用 36%奔腾 7~10 克或麦施达 50 毫升兑水 30 千克喷施;以麦家公、猪殃殃为主的麦田,亩用 36%奔腾 7~10 克或 40%快灭灵 2 克加 10%苯磺隆 8 克,兑水 30 千克喷施。

③禾本科杂草和阔叶杂草混发的防治:可采用苯磺隆或奔腾加彪虎或世玛等混合使用。

(2) 春季防治麦田杂草和麦蜘蛛 冬前没有防治阔叶杂草的麦田,春季防治时间在 3 月中下旬,防治药剂品种及方法同冬前。选择无风天气喷药。配药时要先用少量水配成母液,按稀释倍数加水,充分搅匀后喷雾。为预防纹枯病和麦蜘蛛危害,建议防治杂草的同时加入哒螨灵等杀螨剂和禾果利等杀菌剂。

14. 不同生育时期小麦病虫草害防治对象是什么？

日期	小麦生育期	主要防治对象	防治方法	备注
9月底	小麦备播	地下害虫、全蚀病、黑穗病等	辛硫磷拌种 12.5%全蚀净拌种 2%立克秀湿拌种剂或 2.5%适乐时拌种	
10月中下旬	小麦苗期	土蝗、灰飞虱、禾本科杂草	有机磷农药或菊酯农药喷保护带、彪虎、世玛等	
11月下旬	小麦分蘖期	麦田阔叶杂草	苯黄隆等（优质麦田除草严禁使用2,4-D丁酯类除草剂）	具体防治方法参照综合防治技术和农药使用说明，购买农药时要认真阅读标签并向售药人问清使用技术和注意事项
3月中下旬	小麦起身期	麦田阔叶杂草、麦蜘蛛、纹枯病	苯黄隆、苯黄隆加快灭灵等同时加哒螨灵等杀螨剂加黑星必克、禾果利等杀菌剂	
3月底至4月初	小麦拔节期	麦叶蜂	用菊酯类或有机磷类杀虫剂喷雾	
4月下旬	小麦孕穗期	小麦吸浆虫蛹期防治	用甲基异柳磷颗粒剂或毒死蜱粉剂撒毒土	新农药使用前应进行小面积试验，以防造成大的损失
5月上旬	小麦抽穗期	小麦吸浆虫成虫期防治、赤霉病	用菊酯类或吡虫啉等杀虫剂加多菌灵再加硼肥喷雾	
5月中旬	小麦灌浆初期	麦蚜、白粉病、锈病	菊酯类或吡虫啉等杀虫剂加禾果利再加磷酸二氢钾等叶面肥喷雾	
5月下旬	小麦灌浆期	麦田杂草和野麦子	人工连根拔除带出田外销毁	
6月中下旬	小麦收获后	储粮害虫	及时晾晒，粮仓内放磷化铝药剂	

15. 如何防治小麦吸浆虫?

小麦吸浆虫是一种危害小麦籽粒的害虫,越冬幼虫于小麦起身期至拔节孕穗期上升到土表达 3～5 厘米处,然后化蛹,到小麦抽穗期羽化成虫,在刚抽出的麦穗上产卵,小麦扬花期幼虫孵化钻入颖壳中吸食麦粒汁液,造成小麦减产。防治时间在小麦孕穗期和小麦抽穗期。

防治方法:①撒毒土防治(蛹期防治)。小麦吸浆虫发生严重的地块在小麦孕穗期(正常年份一般为 4 月 20～25 日),亩用 2.5%甲基异柳磷颗粒剂 1.5 千克或 5%毒死蜱粉剂 1 千克,与 25 千克潮细土拌匀,顺麦垄均匀撒施地表,然后立即浇水。注意不要带露水撒药,施药后要将沾在麦叶上的毒土及时弹落在地面。②喷雾防治(成虫期防治)。小麦吸浆虫发生严重的地块或未进行蛹期防治的麦田,应掌握在小麦抽穗扬花初期喷雾防治,一般地块当小麦抽穗率达到 50%～60%时,及时用高效、低毒的杀虫剂进行喷雾防治;杀虫剂选用 50%氰戊·辛硫磷 2 500～3 000 倍液或 2.5%高效氯氟氰菊酯乳油 2 000～3 000 倍液或 10%吡虫啉可湿性粉剂 1 000 倍液等,同时加入 50%多菌灵(或 70%甲基托布津 100 克/亩和速乐硼或磷酸二氢钾等叶面肥)30 克/亩兑水 30 千克喷雾,可同时有效预防小麦赤霉病、白粉病,增加籽粒。

16. 小麦生长后期为什么强调要搞好“一喷三防”?

在小麦生长后期实施“一喷三防”,是防病、防虫、防干热风,增加粒重、提高单产的关键技术,是小麦后期防灾、减灾、增产最直接、最简便、最有效的措施。因此,各地要遵循“预防为主,综合防治”的原则,根据当地病虫害和干热风的发生特点和趋势,选择适宜防病、防虫的农药和叶面肥,采取科学配方,适时进行均匀喷雾。

由于近几年河北省小麦赤霉病发病较重,因此,要高度重视对该病的防控工作。赤霉病要以预防为主，抽穗前后如遇连阴雨或凝露雾霾天气，要在小麦齐穗期和小麦扬花期两次喷药预防，可用80％多菌灵超微粉每亩50克，或50％多菌灵可湿性粉剂75～100克兑水喷雾。也可用25％氰烯菌酯悬乳剂亩用100毫升兑水喷雾。喷药时重点对准小麦穗部均匀喷雾。

　　小麦中后期病虫害还有麦蚜、麦蜘蛛、吸浆虫、白粉病、锈病等。防治麦蜘蛛，可用1.8％阿维菌素3 000倍液喷雾防治；防治小麦吸浆虫，可在小麦抽穗至扬花初期的成虫发生盛期，亩用5％高效氯氰菊酯乳油20～30毫升兑水喷雾，兼治一代棉铃虫；穗蚜可用50％辟蚜雾每亩8～10克喷雾，或10％吡虫啉药剂10～15克喷雾，还可兼治灰飞虱。白粉病、锈病可用20％粉锈宁乳油每亩50～75毫升喷雾防治；叶枯病和颖枯病可用50％多菌灵可湿性粉剂每亩75～100克喷雾防治。喷施叶面肥可在小麦灌浆期喷0.2％～0.3％的磷酸二氢钾溶液，或0.2％的植物细胞膜稳态剂溶液，每亩喷50～60千克。"一喷三防"喷洒时间最好在晴天无风上午9～11时，下午4时以后喷洒，每亩喷水量不得少于30千克，要注意喷洒均匀。小麦扬花期喷药时，应避开授粉时间，一般在上午10时以后进行喷洒。在喷施前应留意气象预报，避免在喷施后24小时内下雨，导致小麦"一喷三防"效果降低。高产麦田要力争喷施2～3遍，间隔时间7～10天。要严格遵守农药使用安全操作规程，做好人员防护工作，防止农药中毒，并做好施药器械的清洁工作。

五、河北省小麦生产技术

1. 河北小麦生产划分为几个类型区?

河北省小麦生产的重点是冬小麦,分布在唐山、秦皇岛、廊坊、保定、石家庄、沧州、衡水、邢台、邯郸9个市,在全国小麦区划中分属北部冬麦区和黄淮冬麦区。另外,在冀西北的张家口、承德两市有少量春小麦,在全国小麦区划中属于北部春麦区。

1987年,在河北省小麦模式化栽培技术研究中,以热量条件和地势高低为主要依据,结合当时的生产条件和产量水平,曾把河北省冬麦区划分为冀东山前平原冬麦区、冀中山前平原冬麦区、冀中低平原冬麦区、冀南山前平原冬麦区、冀南低平原冬麦区、冀西浅山丘陵冬麦区共6个冬麦区。这项划分中所指的地域具有相对性。如冀北平原冬麦区并非河北省最北部,而是指京、津、保三市之间的华北平原北部地区。冀东山前平原指燕山山前平原,冀中和冀南山前平原是指太行山山前平原。

20多年来,河北小麦生产发生了一系列变化。一是调整布局,压缩了太行山区和黑龙港流域的部分非主产区小麦面积,使主产区更加集中。二是多年来河北省干旱少雨,不但低平原麦区水资源匮乏更为严重,而且原来水资源相对丰富的山前平原区地下水下降也十分严重。即使是降水相对丰富的冀东麦区,近年来降水量也有所减少。三是由于多年干旱及土壤改良和增施肥料,原来注碱冬麦区和低平原的盐碱面积缩小,盐碱程度减轻,土壤肥力也有所提高,原来一些产量低而不稳的盐碱地逐渐成为产量较高而稳定的麦田。因此,从水肥条件和技术对策看,全省麦区有趋同的趋势,即都需要在小麦栽培中注意减少灌水次数和灌水量,实施节水栽培,并根据水资源状况进行施肥运筹。因此,目前在冬小麦生产技术的分类指导上,一般简略地分为3个冬麦区,即太行山前平原冬麦区、低平原冬麦区（或黑龙港地区冬麦区）和冀东山前平原冬麦区。除上述 3 个冬麦区外，加上太行山浅山丘陵冬麦区和冀北春麦区，将河北小麦分为 5 个生态类型区。

2. 河北低平原冬麦区（黑龙港地区冬麦区）生态条件和生产条件如何？

（1）**区域范围** 河北低平原冬麦区（黑龙港地区冬麦区），是指海河流域低平原地区的麦区。小麦种植面积 1 800 万～1 950 万亩，占河北省小麦种植面积的 50％以上。目前亩产量水平在 300～400 千克。

本区包括衡水市和沧州市的全部，保定市的雄县、安新、高阳、蠡县 4 县，邢台市的新河、南宫、巨鹿、平乡、广宗、威县、清河、临西 8 县市，邯郸市东部的邱县、曲周、鸡泽、广平、魏县、馆陶、肥乡等 8 县市及廊坊市西南部的安次、故安、永清、霸州、文安、大城 6 县市。

（2）**自然气候状况** 该区小麦生育期间降水 120～150 毫米，≥0℃积温 2 200～2 300℃。全年无霜期 180～200 天。冬小麦全生育期 240～250 天，越冬期 70～100 天。

本区麦田土壤大多为潮褐土、潮土和盐化潮土。土壤耕层有机质 0.8％～1.3％，长期秸秆还田的高肥力土壤耕层有机质可达 1.7％；全氮含量 0.05％～0.07％，碱解氮 45～70 毫克/千克，速效磷 3～8 毫克/千克，肥力较高地区可达 10 毫克/千克以上，速效钾含量 60～120 毫克/千克。

本区 80％以上麦田有灌溉设施，另有旱地小麦约 300 万亩。灌溉区以井灌为主，占 80％以上，其他为渠灌区。本麦区缺水严重，地上水和客水匮乏，地下水资源储量少且开采条件差。据统计，平均每人占有淡水资源量 72 米^3，相当于全国人均量的 1/37，占河北省人均水量的 1/5。本区麦田主要靠灌溉，地下水由于过量开采，近年来静水位以年平均 2.5 米的速度下降。无论井灌区还是渠灌区，小麦用水日渐匮乏，有的麦田春季仅能灌溉 1 次。不保浇的麦田面积约占 60%，并有部分纯旱地麦田。

(3) 存在主要技术问题和自然灾害 一是土壤瘠薄盐碱。以沧州市为主的麦区北半部为全省地势最低的地区，旱盐碱地麦田占该地区麦田面积的 42%。该区大部分为潮土和盐化潮土，保水、保肥能力差。土壤含盐量一般在 0.2% 左右。二是自然灾害频繁。影响最大的自然灾害主要是干旱、冻害和干热风，病虫害等也时有发生。以衡水为主的麦区南半部是河北省的干旱中心。全区小麦生育期降水 120 毫米，秋季、冬季和春季干旱几乎年年发生，频率和程度因地区而不同。据气象统计资料，小麦越冬期间降水仅 15 毫米左右，而此期间蒸发量为 148.9 毫米；3 月份降水量 9.2 毫米，蒸发量 124.7 毫米。冬春干旱是该区小麦的最大威胁。小麦冻害在河北省中北部时有发生，3～4 年一遇。干热风的发生每年 1～3 次不等，严重干热风每 3～4 年一遇。

3. 太行山前平原冬麦区生态条件和生产条件如何？

(1) 区域范围 该区主要指保定、石家庄、邢台、邯郸 4 市沿京广铁路两侧的太行山山麓平原区。生产条件和产量水平为全省最高的地区。小麦种植面积约 1 350 万亩，平均亩产 400 千克以上。主要包括：石家庄市的新乐、正定、无极、藁城、晋州、深泽、栾城、赵县、高邑、辛集、鹿泉、元氏、行唐；保定市的涿州、徐水、望都、保定市、定州、安国、高碑店、定兴、容城、清苑、博野、满城、顺平；邯郸市的临漳、邯郸县、邯郸市、成安、永年；邢台市的柏乡、任县、南合、宁晋、隆尧。

(2) 自然气候概况 本区小麦生育期间降水 110～150 毫米，≥0℃积温 2 200℃左右。麦苗越冬期间积温 -150℃。全年无霜期 200～220 天。本区冬小麦全生育期 240～260 天，越冬期 70～100 天。本区土层深厚，土壤以石灰性褐土、潮褐土和草甸褐土为主。土壤有机质 1.1%～1.7%，长期秸秆还田的 2.0% 以上；全氮含量 0.08%～0.10%，碱解氮 50～80 毫克/千克；速效磷 16～30 毫克/千克；速效钾 90～120 毫克/千克。大部分麦田有灌溉条件，以井灌为主。

(3) 主要自然灾害 冻害 3～4 年一遇，干热风每年 1～3 次不等。高水肥地块有倒伏现象。

4. 太行山浅山丘陵冬麦区生态条件和生产条件如何?

(1) 区域范围 该区主要包括河北省沿太行山西部的涞源、阜平等山区县，自然和生产条件较差，为河北省小麦低产区。该麦区小麦面积约 300 万亩，平均亩产量约 280 千克。主要包括：石家庄的平山、灵寿、赞皇；保定市的涞源、涞水、阜平、曲阳、易县、唐县；邯郸市的涉县、武安、磁县；邢台市的邢台县、沙河、临城、内丘。

(2) 自然气候概况 本区位于北纬 36.3°～39.4°，南北跨越纬度大，小气候差异大。年平均气温 8～10℃。1 月份平均气温 −8～−4℃，最低气温 −27℃。无霜期 150～220 天。小麦生育期降水 100～200 毫米，水资源贫乏。土壤类型复杂，多为褐土和山地淋溶褐土。本区小麦生育期 240～275 天，越冬期 70～115 天。

(3) 主要自然灾害 常发生倒春寒，冻害 4～5 年一遇。旱灾 2～3 年一遇，干热风每年 2～3 次不等，严重干热风 2～3 年一遇。风灾和雹灾几乎年年都有。

5. 冀东平原冬麦区生态条件和生产条件如何?

(1) 区域范围 指唐山、秦皇岛两市长城以南所属县市区以及廊坊市所属京津之间的冬麦区。主要包括：唐山市的全部，秦皇岛市的全部，廊坊市的香河、三河、大厂 3 县。小麦种植面积 300 万～345 万亩，平均亩产水平 350 千克左右。

(2) 自然气候概况 秋季气温变化大，降温快，降水少；冬季寒冷，平均气温 −5℃，最低气温 −30℃以下，干旱少雨雪；春季风多雨少，气候干燥；夏季 5～6 月份降雨集中，常阴雨连绵，小麦病害重。本区小麦生育期间降水 160～200 毫米，≥0℃积温 2 100℃。麦苗越冬期间积温 −400℃左右。全年无霜期 160～180

天。冬小麦生育期 250～265 天，越冬期 120 天。本区土壤为褐土、潮褐土和潮土。有机质 1.2%～1.8%，全氮 0.07%～0.1%，碱解氮 50～60 毫克/千克，速效磷 7～20 毫克/千克，速效钾 80～110 毫克/千克。大部分麦田能灌溉，以井灌为主。

(3) 主要自然灾害 冬季和早春冻害 3 年左右一遇。干热风较轻，是河北省干热风影响最轻的麦区。由于成熟期较晚，接近雨季，有些年份麦收前后的"烂场雨"使小麦逼熟，易发生穗发芽。

6. 冀北春麦区生态条件和生产条件如何?

(1) 区域范围 河北春小麦一般分布在长城以北地区。冀北春麦区，包括张家口、承德两市，分为坝上高原山地和冀北的宣化、怀来和承德 3 个盆地。其中水地约占 30%，旱地约占 70%。水地平均单产 200～250 千克/亩，旱地平均单产 100～200 千克/亩。

(2) 自然条件 该麦区中的坝上春麦区包括张家口市的坝上 5 县和承德的围场、丰宁县北部，是河北省春小麦的主产区。该区海拔 1 400～1 600 米。东部及南部坝头土壤以暗栗钙土为主，中、西、北部多为栗钙土，质地以沙壤质和轻壤质为主。栗钙土有不同程度的钙积层，深度和厚度不一。土层浅，土壤沙性大，保水保肥能力差，土壤肥力低。土壤有机质一般为 1.0%～2.0%，全氮含量 0.05%～0.10%，碱解氮 30～90 毫克/千克，速效磷 0.5～3 毫克/千克，速效钾 60～150 毫克/千克。

坝上具有明显的大陆性季风气候特点。春季干旱多风，降水少，蒸发量大。年降水量 350～400 毫米，多集中在 6～8 月份，占全年降水量的 60%～70%。年蒸发量 1 700～1 800 毫米，为降水量的 4～5 倍。气温低，温差大，年均气温 1.5～3℃，夏季最高气温 35℃，冬季极限气温-35.5℃。≥5℃积温 2 200～2 500℃，日照时数 2 800 小时，无霜期 90～110 天。

7. 河北省山前平原区冬小麦节水栽培技术要点?

该区冬小麦冬前壮苗指标:越冬期主茎叶龄 5～6 片，单株分蘖 3～5 个，单株次生根 4～8 条，冬前生长健壮，不过旺，不瘦弱；群体动态指标：亩基本苗 16 万～25 万株，越冬前亩茎数 60 万～80 万，起身期亩茎数 80 万～120 万，抽穗期亩穗数 45 万～55 万；产量结构指标，亩穗数 45 万～55 万，穗粒数 30～35 粒，千粒重≥38 克，亩产量 500～600 千克。主要栽培技术要点如下。

(1) 播前准备

①种子准备。要选用通过国家或省级审定，适宜本地种植的中早熟优良品种。针对病虫害发生状况，用包衣剂进行种子包衣，或采用杀虫剂、杀菌剂进行药剂拌种。

②施足基肥，足墒播种。为培肥地力，应适量施用有机肥。一般亩施用烘干鸡粪 200～230 千克，或其他有机肥 1.5～2 米^3。根据地力基础和目标产量，进行测土配方施肥。一般亩施纯氮 14～16 千克，有效磷 9～10 千克，有效钾 5～6 千克，硫酸锌 1～1.3 千克。全部有机肥、磷肥、钾肥、微肥及氮肥的 40%～50% 底施。保证底墒是实现全生育期节水和春季生长稳健的关键措施。因此，凡播前没有 50 毫米以上有效降水的，应在前茬作物收获后及时浇底墒水，亩灌水量 40～45 米^3。

③秸秆处理和整地。提倡秸秆还田，并按标准化作业程序整地。在玉米收获的同时或收获后，在田间将秸秆切碎或粉碎 2 遍（茎段长 3～5 厘米）并铺匀，然后施用底肥。已连续 3 年以上旋耕的地块，需深耕 20 厘米以上，耕后耙地、糖压，做到耕层上虚下实，土面细平，底墒充足。最近 3 年内深耕过的地块，可旋耕 2 遍，深度大于 10 厘米。

(2) 播种技术

①播种期和播量。根据冬前壮苗所需积温，适宜播种期邯郸为 10 月 9～18 日、石家庄 10 月 6～15 日、保定 10 月 2～11 日、邢台 10 月 3～12 日。依据播期和播量相配套的原则，在上述适宜播期内播种的，亩播种量 8～12 千克；超过适宜播期后播种的，每推迟 1 天亩播量增加 0.5 千克。

②播种方式。一般采用窄行等行距播种技术，行距 15 厘米，

播种深度 4～5 厘米。

③播后镇压。播种后要及时镇压，镇压后最好用铁耙耱一遍，保证表层暄土。播种结束后水浇地要做好畦。为节约用水，井灌区采用小畦灌溉，畦宽 4～5 米，长 7～10 米。

（3）冬前管理

①查苗补种。出苗后要及时查苗。发现麦垄内 10～15 厘米无苗应及时补种，补种时用浸种催芽的种子。如在分蘖期出现缺苗断垄，要就地疏苗移栽补齐。补种或补栽后均实施肥水偏管。

②冬前病虫草防治。注意防治土蝗、蟋蟀、灰飞虱，以及麦田阔叶杂草及雀麦草等禾本科杂草。

③冬前灌水。在播前已浇足底墒水的，石家庄市及以南地区一般不再灌冬水，保定市以北地区酌浇冬水。无论南部还是北部，如果播前下雨而又雨量不足，仅能保证趁墒播种的，需要浇冬水。播后因镇压保墒不力，土壤缺墒或土壤过暄的也要灌冬水。灌水时间在日平均气温稳定下降到 3℃时开始灌水。亩灌水量 40～45 米^3，灌水后及时锄划、松土保墒。

（4）春季管理

①中耕锄划。冬小麦返青期前后，应及时锄划，增温保墒。

②肥水管理。该区小麦一般年份春季浇 2 次水，并结合浇水追施 1 或 2 次肥。群体较小和苗弱的麦田，在起身期浇第一水，壮苗在拔节期浇第一水。抽穗扬花期浇第二水。特别干旱年份在扬花后 10～15 天补浇第三水。每次亩灌水量 40 米^3。春季总追肥量为纯氮 7～8 千克/亩。一般品种春季氮肥结合春季第一水一次性追施；强筋小麦品种追肥分两次施用，其中 80％随第一次水追施，其余随第二水追施。对于春季旺长麦田和株高偏高的品种，可在起身期前后喷施化控药剂。

③病虫草防治。返青期至拔节期：以防治麦田杂草、纹枯病、根腐病、麦蜘蛛为主，兼治白粉病、锈病。孕穗期至抽穗扬花期：以防治吸浆虫、麦蚜为主，兼治白粉病、锈病、赤霉病等。灌浆期：重点防治穗蚜、白粉病、锈病。

(5) 及时收获 蜡熟末期到完熟初期为小麦的适宜收获期。

8. 黑龙港地区冬小麦节水丰产栽培技术要点？

生育指标和生产目标：冬前壮苗指标，越冬期主茎叶龄 5～6 片叶，单株分蘖 3～4 个，单株次生根 3～6 条；群体动态指标，亩基本苗 20 万～25 万株，越冬期亩茎数 80 万～90 万，起身期亩茎数 90 万～110 万，抽穗期亩穗数 45 万～50 万；产量结构指标，亩穗数 45 万～50 万，穗粒数 28～34 粒，千粒重 38 克以上，产量目标 450～550 千克/亩。主要栽培技术要点如下。

(1) 播前准备

①种子准备。要选用通过国家或省级审定，适宜在黑龙港地区种植的中早熟优良品种。针对病虫害发生状况，用包衣剂进行种子包衣，或采用杀虫剂、杀菌剂进行药剂拌种。

②施足基肥，足墒播种。一般亩施用烘干鸡粪 200～230 千克，或其他有机肥 1.5～2 米^3。根据地力基础和目标产量，进行测土配方施肥。一般亩施纯氮 12～16 千克，有效磷 8～10 千克，有效钾 4～6 千克，硫酸锌 1～1.3 千克。全部有机肥、磷肥、钾肥、微肥及氮肥的 40%～50%（即纯氮 6～8 千克/亩）底施。同时要保证底墒充足，凡播前没 50 毫米以上有效降水的，应在前茬作物收获后及时浇足底墒水，亩灌水量 40～45 米^3。

③秸秆处理和整地。提倡秸秆还田，并按标准化作业程序整地。在玉米收获的同时或收获后，在田间将秸秆切碎或粉碎 2 遍（茎段长 3～5 厘米）并铺匀，然后施用底肥。已连续 3 年以上旋耕的地块，需深耕 20 厘米以上，耕后耙地、糖压，做到耕层上虚下实，土面细平，底墒充足。最近 3 年内深耕过的地块，可旋耕 2 遍，深度大于 10 厘米。

(2) 播种技术

①播种期和播量。根据最近研究，保定、沧州市以南适宜播种期为 10 月 6～12 日，以北地区适宜播期为 10 月 2～11 日。依据播期和播量相配套的原则，在上述适宜播期内播种的，亩播种量 10～

13千克；超过适宜播期后播种的，每推迟1天亩播量增加0.5千克。

②播种方式。一般采用窄行等行距播种技术，行距15厘米，播种深度4～5厘米。

③播后镇压。播种后要及时镇压，镇压后最好用铁耙耱一遍，保证表层暄土。播种结束后水浇地要做好畦。为节约用水，井灌区采用小畦灌溉，畦宽4～5米，长7～10米。

(3) 冬前管理

①查苗补种。出苗后要及时查苗。发现麦垄内10～15厘米无苗应及时补种，补种时用浸种催芽的种子。如在分蘖期出现缺苗断垄，要就地疏苗移栽补齐。补种或补栽后均实施肥水偏管。

②冬前病虫草防治。注意防治土蝗、蟋蟀、灰飞虱，以及麦田阔叶杂草及雀麦草等禾本科杂草。

③冬前灌水。在播前已浇足底墒水的，沧州以南地区一般不再灌冬水，以北地区酌浇冬水。无论南部还是北部，如果播前下雨而又雨量不足，仅能保证趁墒播种的，需要浇冬水。播后因镇压保墒不力，土壤缺墒或土壤过暄的也要灌冬水。灌水时间在日平均气温稳定下降到3℃时开始灌水。亩灌水量40～45米^3，灌水后及时锄划、松土保墒。

(4) 春季管理

①中耕锄划。冬小麦返青期前后，应及时锄划，增温保墒。

②肥水管理。该区浇水条件有保证的冬小麦，一般年份春季浇2次水，并结合浇水追肥。群体较小和苗弱的麦田，在起身期浇第一水，壮苗在拔节期浇第一水，并配合追肥。抽穗扬花期浇第二水。特别干旱年份在扬花后10～15天补浇第三水。每次亩灌水量40米^3。春季总追肥量为纯氮6～8千克/亩。一般品种春季氮肥结合春季第一水一次性追施；强筋小麦品种追肥分两次施用，其中80%随第一次水追施，其余随第二水追施。对于春季旺长麦田和株高偏高的品种，可在起身期前后喷施化控药剂。

③病虫草防治。返青期至拔节期：以防治麦田杂草、纹枯病、

根腐病、麦蜘蛛为主，兼治白粉病、锈病。孕穗期至抽穗扬花期：以防治吸浆虫、麦蚜为主，兼治白粉病、锈病、赤霉病等。灌浆期：重点防治穗蚜、白粉病、锈病。

（5）及时收获 蜡熟末期到完熟初期为小麦的适宜收获期。

9. 黑龙港地区旱地小麦丰产栽培技术要点是什么？

旱地小麦是指在无灌溉条件下，依靠自然降水满足生理生态需水，完成生产过程的麦田。旱地小麦的技术主攻方向是以水为中心，从蓄水、保水和节水出发，提高旱地小麦生产水平。主要栽培技术要点如下。

（1）蓄墒保墒，伏雨春用

①深耕蓄墒。一年一作的旱地，伏前深翻，然后及时耙地，使土壤形成里张外合的结构，既能接纳雨水，又可防止地表径流，为小麦播种创造肥足墒饱、疏松透气的土壤环境。一年两作的，可在前茬作物播种前进行深耕，这样可更多地吸纳伏天雨水。如前茬作物未能深翻，收获后应及早深耕，结合深耕将所有有机肥、化肥一次性施入。深耕后要及时耙耱，尽量减少墒情散失。一般耕深以20～22厘米为宜，每2～3年进行一次深耕。

②耙压保墒。从立秋到秋播期间，一年一作的旱地，每次下雨后，地面出现花白时，就要耙耱2次，以破除板结，纳雨蓄墒；一年两作的旱地，秋作物收获和小麦播种前要做到随收、随耕、随耙、随播、随镇压，减少水分蒸发，防止土壤跑墒。镇压分为播前播后镇压和冬春麦田镇压。冬季麦田镇压在土壤开始冻结后进行，压碎地面坷垃，使碎土严密覆盖地面。春季土壤解冻3～4厘米，昼消夜冻时，要顶凌耙地，切断毛管水运行，减少化冻后的土壤水分蒸发损失。

③覆盖保墒。旱地麦田比较理想的覆盖保墒技术有两种：一是秋作物覆盖，即在玉米等秋收作物生长期间，利用切碎成5厘米左右的小麦秸秆覆盖在田间；二是麦田覆盖，一般在小麦播种出苗前，将麦田均匀地覆盖上一层秸秆，覆盖量以每亩300～350千克

为宜。

(2) 增施肥料，培肥地力　旱作麦田增施肥料，可以改善土壤结构，"以肥调水"，增强小麦对水分的利用能力，提高降水利用效率。旱地小麦施肥应注意以下几点：

一是有机肥与无机肥配合施用。旱地麦田施用有机肥一定要腐熟，防止肥苗争水。

二是无机肥采用平衡配方施肥。氮、磷、钾配合施用，可保持营养平衡，互相促进，提高肥效。一般旱地低产麦田亩施碳酸氢铵和过磷酸钙各 50～75 千克，缺钾时施钾肥 10～15 千克/亩；高产旱地麦田，每亩施农家肥 1.5～2 米^3，磷酸二铵 30 千克，尿素 10～15 千克，硫酸钾 10 千克，硫酸锌 1 千克。

三是肥料一次性底施。旱地麦田不能浇水，追肥效果差，全部肥料要在耕地时作底肥一次性施入，即"一炮轰"施肥法。但在地力较高的旱地高产麦田，"一炮轰"施肥可能使苗期营养生长过旺，冬前群体失控，使有限的土壤水分和养分过早消耗，导致后期早衰。在这种情况下，应注意调节播种期，适当减少播种量，控制冬前群体发展，节水节肥。

四是肥料深施。施肥深度一般要超过 20 厘米，肥料深施可利用下层水分，水肥同步，起到以水调肥的作用。

(3) 精细播种，调整群体

①适期、适量播种。旱地小麦冬前壮苗标准是，主茎叶片 5～7 片，分蘖 3～4 个，次生根 7～8 条。达到壮苗标准一般需要有效积温 650～700℃，比水浇地小麦多 50～100℃，因此，在播期上要比水浇地小麦早播 5～7 天。一般适宜的播期范围在 9 月 23～30 日，最好在 10 月 5 日前播完。在适宜播期内，最适播种量 9 千克/亩。9 月 25 日前播种的，每早播 1 天亩播量减少 0.5 千克，直至最低基本苗 14 万/亩；9 月 30 日以后播种的，每晚播 1 天亩播量增加 0.5 千克，直至最高基本苗 35 万/亩。

②播种形式。旱地小麦播种形式主要是条播等行距播种，行距一般为 20～22 厘米。也可以采取大小行种植的方式，大行距 28 厘

米，小行距 20 厘米。

(4) 加强管理，确保丰收　旱地小麦田间管理比较简单，重点是保墒防旱。具体措施：一是中耕锄划，应在雨后及早春土地返浆时进行；二是镇压，在播后及早春表土干旱时进行；三是早春顶凌追肥，对底肥不足的，在早春土壤返浆期借墒追施尿素 10 千克/亩；四是防治虫害，播种时防治地下害虫，起身后防治麦蜘蛛，抽穗后防治麦蚜。

10. 太行山浅山丘陵区冬小麦栽培技术?

该区小麦生育指标和生产指标：冬前壮苗指标，越冬期主茎叶龄 5～6 片，单株分蘖 3～4 个，次生根 4～6 条；群体动态指标，亩基本苗 20 万～25 万株，越冬期亩茎数 80 万～90 万，起身期亩茎数 90 万～100 万，抽穗期亩穗数 40 万～45 万；产量结构指标，亩穗数 40 万～45 万，穗粒数 25～28 粒，千粒重 35～38 克，产量 300～400 千克/亩。主要栽培技术要点如下。

(1) 种子准备　旱地、半旱地要选择分蘖力强，根系发达，耐寒、耐瘠薄、耐旱性强，产量稳定的品种；肥水条件好的麦田，要选用矮秆、中矮秆高产品种。用种子包衣剂进行种子包衣，或采用杀虫剂、杀菌剂拌种。

(2) 播种技术　一是蓄水保墒，具体参照前述旱地小麦进行。如果伏雨不多，应尽量播前造墒，保证底墒充足。二是适时播种，播种期要比相应纬度的平原地区提早。旱地、半旱地以 9 月 25 日至 10 月 5 日为宜，有水浇条件的以 9 月 30 日至 10 月 8 日为宜。三是播种量适宜。适期播种范围内旱地 8～10 千克/亩，其他麦田 10～12 千克/亩。晚茬小麦适当增加，但不超过 15 千克/亩。四是在有水浇条件的麦田采用窄行等行距播种技术，行距 15 厘米，播种深度 4～5 厘米。旱地、半旱地也可采取大小垄或"三密一稀"种植。要积极推广地膜覆盖穴播栽培技术。

(3) 施肥技术　为培肥地力，应适量施用有机肥作底肥。一般每亩可施用优质有机肥 1.5～2 米^3。旱地、半旱地每亩施纯氮 9～

10 千克，有效磷 7 千克，有效钾 6 千克，硫酸锌 1 千克。旱地全部肥料作基肥。春季能够浇 1 次水的半旱地，全部磷、钾、锌肥及 2/3 的氮肥作底肥，其余氮肥在春季拔节期灌水时追施。水浇地每亩施纯氮 12 千克，有效磷 8 千克，有效钾 6 千克，硫酸锌 1 千克。全部磷、钾、锌肥及 50％的氮肥作底肥，其余氮肥在春季拔节期灌水时追施。

(4) 灌水和田间管理技术 水浇地麦田要推行节水灌溉技术；要浇好冬水，尤其是在秋雨不多、底墒不足的情况下，要尽量扩大浇冬水的面积，浇水后要及时锄划镇压。春季只能浇 1 水的，尽量在拔节期浇；能浇 2 水的，在起身拔节期和抽穗扬花期进行。旱地麦田要大力推广冬季压麦、春季顶凌耙麦和中耕锄划等旱作管理技术。

(5) 注意防治后期病虫害 喷施磷酸二氢钾，防干热风，提高粒重。

11. 冀东平原冬麦区小麦节水丰产栽培技术要点?

该区小麦生育指标和生产指标：冬前壮苗指标，越冬期主茎叶龄 4～5 片，单株分蘖 2～3 个，次生根 4～6 条；群体动态指标，亩基本苗 25 万～30 万株，越冬期亩茎数 70 万～90 万，起身期亩茎数 120 万～140 万，抽穗期亩穗数 45 万～50 万；产量结构指标，亩穗数 38 万～42 万，穗粒数 28～30 粒，千粒重 44 克以上，产量 450～500 千克/亩。主要栽培技术要点如下。

(1) 播前准备

①种子准备。选用通过国家或省级审定，适宜在冀东平原区种植的中早熟优良品种。针对病虫害发生状况，用包衣剂进行种子包衣，或采用杀虫剂、杀菌剂进行药剂拌种。

②施足基肥，足墒播种。一般亩施优质有机肥 1.5～2 米^3。根据地力基础和目标产量，进行测土配方施肥。一般亩施纯氮 12～14 千克，有效磷 7～8 千克，有效钾 4～6 千克，硫酸锌 1～1.3 千克。全部有机肥、磷肥、钾肥、微肥及氮肥的 50％（即纯氮 6～7

千克/亩）底施。同时要保证底墒充足，凡墒情不足的，应在前茬作物收获后及时浇足底墒水，亩灌水量 40～45 米³。

③秸秆处理和整地。提倡秸秆还田，并按标准化作业程序整地。在玉米收获的同时或收获后，在田间将秸秆切碎或粉碎 2 遍（茎段长 3～5 厘米）并铺匀，然后施用底肥。已连续 3 年以上旋耕的地块，需深耕 20 厘米以上，耕后耙地、耱压，做到耕层上虚下实，土面细平，底墒充足。最近 3 年内深耕过的地块，可旋耕 2 遍，深度大于 10 厘米。

（2）播种技术

①播种期和播量。适宜播种期为 9 月 27 日至 10 月 5 日。根据近年试验结果，可以逐步推迟到 10 月 1～10 日。依据播期和播量相配套的原则，10 月 1 日以前播种的，亩播种量为 10～12.5 千克，每推迟 1 天亩播量增加 0.5 千克，但最高播量不超过 15 千克/亩。

②播种方式。一般采用窄行等行距播种技术，行距 15 厘米，播种深度 4～5 厘米。

③播后镇压。播种后要及时镇压，镇压后最好用铁耙耱一遍，保证表层暄土。播种结束后水浇地要做好畦。为节约用水，井灌区采用小畦灌溉，畦宽 4～5 米，长 7～10 米。

（3）冬前管理

①查苗补种。出苗后要及时查苗。发现麦垄内 10～15 厘米无苗应及时补种，补种时用浸种催芽的种子。如在分蘖期出现缺苗断垄，要就地疏苗移栽补齐。补种或补栽后均实施肥水偏管。

②冬前病虫草防治。注意防治土蝗、蟋蟀、灰飞虱，以及麦田阔叶杂草及雀麦草等禾本科杂草。

③冬前灌水。除小麦播种到越冬前有有效降雨，土壤墒情好的年份以外，在播前已浇足底墒水的，在日平均气温稳定下降到 3℃ 时开始灌水。亩灌水量 40～45 米³，灌水后及时锄划、松土保墒。

（4）春季管理

①中耕锄划。冬小麦返青期前后，应及时锄划，增温保墒。

②肥水管理。一般年份春季浇 2 次水，并结合浇水追肥。群体

较小和苗弱的麦田,在起身期浇第一水,壮苗在拔节期浇第一水,并配合追肥。抽穗扬花期浇第二水。特别干旱年份在扬花后 10～15 天补浇第三水。每次亩灌水量≤40 米³。春季总追肥量为纯氮 6～7 千克/亩。一般品种春季氮肥结合春季第一水一次性追施;对于春季旺长麦田和株高偏高的品种,可在起身期前后喷施化控药剂。

③病虫草防治。返青期至拔节期:以防治麦田杂草、纹枯病、根腐病、麦蜘蛛为主,兼治白粉病、锈病。孕穗期至抽穗扬花期:以防治吸浆虫、麦蚜为主,兼治白粉病、锈病、赤霉病等。灌浆期:重点防治穗蚜、白粉病、锈病。

(5) 及时收获 蜡熟末期到完熟初期为小麦的适宜收获期。

12. 冀北春麦区旱地春小麦栽培技术要点?

(1) 深耕细整地,耙耱保墒 即早秋深耕 25 厘米左右,纳雨蓄水,秋雨春用。开春后在日消夜冻时耙耱整地,减少土壤蒸发,提高土壤含水量。

(2) 施足基肥,培肥地力 以有机肥为主,化肥为辅,氮磷配施。在秋耕时每亩施优质农家肥 2.5 米³ 做基肥。农家肥不足时,可氮磷配合,结合播种施种肥磷酸二铵 4～5 千克/亩,配施尿素 2～2.5 千克/亩。

(3) 精选种子及种子处理 种子要精选,并于播种前 7～8 天晒种,然后用种子重量 0.3% 的多菌灵或拌种霜拌种后,闷种 6～7 小时,防治黑穗病。

(4) 适期播种 根据多年研究和生产实践,以适期早播为好。一般在气温稳定通过 3℃ 以上即可播种。坝上春小麦的适宜播种期一般是 4 月 5～20 日,最迟不超过 4 月底。张家口坝下地区 3 月 20～30 日播种。还要根据当地当年气候条件,酌情调整时间。

(5) 适宜的播种量 一般旱坡地亩播种量 11～12.5 千克,二阴滩地 12.5～15 千克。

(6) 中耕锄划 早锄浅锄,提温促根,防旱保墒,提高抗旱能力。幼苗 3 叶 1 心时第一次浅中耕;分蘖至拔节前第二次深中耕;

拔节后封垄前第三次中耕，要深锄拔大草，减轻地表水分蒸发。

(7) 适时追肥 拔节至抽穗前，视田间长势情况，可趁雨追施尿素 10 千克/亩，促进穗大粒多，提高产量。

(8) 及时防治病虫害 麦秆蝇达到每百网捕蝇 30 头时，用 20％速灭杀丁乳油 1 000～1 500 倍液田间喷雾，用药量 0.1 千克/亩。在田间调查黏虫幼虫密度达 15 头/米² 为防治标准，在二龄前可用 80％敌敌畏乳油 1 000～1 500 倍液田间喷雾。

13. 冀北春麦区水地春小麦栽培技术要点?

(1) 精细整地，耙糖保墒 原则与旱地春小麦整地相同，但特别要结合深耕耙糖平整土地，以保证灌水均匀一致。

(2) 保证底肥和底墒 大部分肥料应在秋耕时施入。每亩施优质农家肥 1.5 米³，碳酸氢铵 20 千克。播种时施种肥磷酸二铵 10 千克/亩。播种前浇足底墒水。

(3) 精选种子及种子处理 种子要精选，并于播种前 7～8 天晒种，然后用种子质量 0.3％的多菌灵或拌种霜拌种后，闷种 6～7 小时，防治黑穗病。

(4) 适期、适量播种 一般在气温稳定通过 3℃ 以上即可播种。坝上春小麦的适宜播种期一般是 4 月 5～20 日，最迟不超过 4 月底。张家口坝下地区 3 月 20～30 日播种。一般亩播种量 20～22.5 千克。实行合理密植，创造合理的群体结构。采用小垄密植，行距 25 厘米。

(5) 田间管理 水地春小麦水肥管理应采用"促—控—促"管理措施，但也要因苗管理。苗出齐后及时浅锄一次，促使幼苗早发和根系生长。3 叶 1 心期浇好分蘖水，追施尿素每亩 15 千克。浇后及时中耕深锄，拔净行内杂草。在 6 叶 1 心的拔节期亩追施尿素 10 千克，追肥后浇水。但对拔节前已经封垄的麦田，拔节初期应适度控制。孕穗至抽穗期缺墒麦田要浇水，前期追肥不足的适当补追尿素。开花后 10～15 天进入灌浆期，前期浇水不足的要浇最后一次水。

(6) 防治病虫害 防治原则同旱地春小麦。

六、现代小麦生产技术

1. 冬小麦精播高产栽培技术要点是什么?

冬小麦精播高产栽培技术体系,是山东农业大学研究及集成的一种高产、稳产、低耗、生产效益和生态效益好的栽培技术。它是在地力、肥水条件较好的基础上,比较好地处理了群体与个体的矛盾,使麦田群体较小,群体动态比较合理,改善了群体内的光照条件,使个体营养好,发育健壮,从而使穗足、穗大、粒重、高产。精播高产栽培的基本原则是处理好群体与个体的矛盾。一方面是降低基本苗,防止群体过大,建立合理群体动态结构;另一方面是培育壮苗,促进个体发育健壮。精播高产栽培技术是一整套与上述原则相适应的栽培措施,包括培肥地力,提高整地质量,选用适宜良种,提高种子质量和播种质量,实行机播,控制基本苗数量及其分布均匀度,适期播种,调节行距以及运用肥水、锄划、深耘锄等措施,以调节群体大小结构,促进个体发育健壮,达到有足够的穗数、穗大、粒多、粒重、高产稳产、优质、经济效益高的目的。其主要栽培技术要点如下。

(1) 培肥地力 实行精播高产栽培,必须以较高的土壤肥力和良好的土、肥、水条件为基础。实践证明耕层土壤养分含量一般达到下述标准:有机质 1%~1.5%、全氮 0.08%、碱解氮 60~70 毫克/千克、速效磷 25~35 毫克/千克、速效钾 100~120 毫克/千克以上,碳氮比在 10 以下,氮磷比宜达 (1.5~1.7):1的水平。这样的地块实行精播,可以获得亩产小麦 500 千克及以上的产量。

(2) 选用良种 实践证明,选用分蘖成穗率高、单株生产力高、抗倒伏、株型紧凑、光合能力强、落黄好、抗病、抗逆性强的优良品种,有利于精播高产栽培。

(3) 培育壮苗 培育壮苗,建立合理群体动态结构是精播栽培技术的基本环节。培育壮苗，促进个体健壮，除控制基本苗外，还要采用一系列措施。一是施足底肥。底肥应有机肥、秸秆、氮、磷、钾肥配合，不断培肥地力，满足小麦各生育时期对养分的需要。本着以产定肥，按需施肥的原则，精播麦田提倡亩施优质有机肥 3 000 千克，纯氮 12～14 千克，五氧化二磷 6.5～8 千克，氧化钾 5～7.5 千克，锌肥 1 千克。除氮肥外，均作基肥。氮素化肥 50% 作基肥，50% 于起身或拔节期追施。二是提高整地质量。适当加深耕层，破除犁底层，加深活土层。整地要求地面平整、明暗坷垃少而小，土壤上松下实，促进根系发育。三是坚持足墒播种，提高播种质量。在造墒的基础上，选用粒大饱满、生活力强、发芽率高的种子作种。实行机播，要求下种均匀，深浅一致，播种深度 3～5 厘米，行距 22～25 厘米，提高播种质量。四是适期播种。日平均气温 16～18℃ 播种冬性品种，14～16℃ 时播种半冬性品种，从播种到越冬开始，有 0℃ 以上积温 650℃ 左右为宜。五是播量适宜。播种量以保证实现一定数量的基本苗数、冬前分蘖数、年后最大分蘖数以及亩穗数为原则。精播播种量要求实现的基本苗数为 8 万～12 万株。冬前亩总茎数为亩穗数的 1.2～1.5 倍。亩穗数要求，中穗品种多在 40 万左右，范围 35 万～40 万穗；多穗型品种，亩穗数在 50 万左右。

（4）建立合理的群体结构　精播的合理群体动态指标是：亩基本苗 8 万～12 万株，冬前总茎数 60 万～70 万，年后最大、总茎数 70 万～80 万，亩成穗 40 万～45 万，多穗型品种可达 50 万穗左右。叶面积系数冬前 1 左右，起身期 2.5～3，挑旗期 6～7，开花灌浆期 4～5。采取的主要措施：一是及时查苗补种。小麦出苗后及时查苗补种。基本苗较多、播种质量较差、麦苗分布不够均匀、疙瘩苗较多，在植株分蘖前后，可进行疏苗、匀苗，以培育壮苗。二是浇好冬水。冬水能平抑地温变化，有利于麦苗越冬保根，保暖防冻，减少枯叶，防止死苗、死蘖，有利于推迟春季第一肥水时间以及控蘖壮苗促根系下扎，延缓小麦后期衰老进程，提高粒重。一般在 11 月底 12 月上旬浇冬水，不施冬肥。三是早春小麦返青期间，主要是以锄划、松土、保墒、提高地温为主，不浇返青水。四是重施起身期或拔节期肥水。精播麦田，冬前、返青期不追肥，而重施起身期或拔节期肥水。麦田群体适中或偏小的重施起身肥水；群体偏大的，重施拔节肥水。追肥以氮肥为主。亩施纯氮 6～7 千克，开沟追施。如有缺磷钾的，也要配合追施磷钾肥。五是重视挑旗水或扬花、灌浆水。研究证明，在精播条件下，从挑旗到扬花，1 米土层保持田间持水量的 70%～75%、籽粒形成期间 60%～70%、灌浆期 50%～60%、成熟期 40%～50%，这是精播高产栽培小麦拔节后高效、低耗的水分管理指标。在上述指标范围内，气温高、日照充足、大气湿度小，应取高限，反之，则取下限。为达到上述指标，在浇过起身水或拔节水的基础上，在常年条件下，浇好挑旗水或扬花水，就足以满足籽粒生育的需要。麦黄水会降低粒重，不提倡浇麦黄水。

(5) 预防和消灭病虫及杂草危害 为了尽量减轻病虫草害的危害，实现高产目标，在采取综合防治措施的基础上，还要加强测报，利用化学药剂适时防治。

2. 冬小麦半精播高产配套栽培技术有哪些?

冬小麦半精播高产栽培技术是在推广精播高产栽培过程中，根据精播高产栽培理论与技术衍生出来的。即在中等肥力水浇麦田，或高肥力麦田播种略晚，或播种技术条件和管理水平较差，或利用分蘖力较弱及分蘖成穗率较低的品种的麦田，或者在生产条件刚由中产变高产，生产上作为逐步向精播过渡的一个步骤，采用半精播高产栽培技术是创高产的有效途径。它的主要内容是：根据当地的生态条件和土壤肥力基础，从协调群体发展和个体发育的矛盾出发，确定适宜的基本苗（每亩 13 万～20 万株），一般 15 万左右，依靠主茎和部分分蘖成穗，在一定的穗数基础上主攻穗重，获得高产。主要配套技术为"八改、二坚持"：

（1）改大播量为合理播量，降低基本苗（每亩 13 万～20 万株），建立合理群体动态结构，处理好群体与个体的矛盾，促进个体发育。

（2）改小行距为大行距（由原来的 16.5 厘米扩大为 20～23 厘米），以改善群体内通风、透光条件，有利于个体发育健壮。

（3）改耧播为机播，以保证降低播量和提高播种质量。

（4）改早播、晚播为适期播种，以培育壮苗。

（5）改浅耕为适当深耕，要求破除原来的犁底层，以加厚活土层，促进根系发育，要求耕耙配套，精细整地，做到上松下实。

（6）改小麦劣种、混杂种子为良种、纯种，实行品种合理布局，充分发挥良种的增产潜力。

（7）改单一防治地下害虫为综合防治病虫害，以减轻小麦丛矮病、黄矮病等危害，提倡用种衣剂包衣和杀虫剂、杀菌剂药剂拌种。

（8）改田间管理"一促到底"为"有控有促，促控结合"。提倡适时补种，浇冬水，浇后及时锄划。返青期锄划保墒，提高地温，不追肥浇水；重视起身拔节肥水，浇好挑旗或灌浆水。

（9）坚持以农家肥为主、化肥为辅的施肥原则，施足底肥，实行氮、磷、钾配合，补施微肥，重视秸秆还田。

（10）坚持足墒播种，提高整地、播种质量，保证全苗、培育壮苗。

3. 晚播小麦应变高产配套栽培技术有哪些？

晚播小麦应变高产栽培技术是指在小麦播期推迟的情况下实现小麦高产的栽培技术。一般把从播种到越冬前积温低于 420℃播种的小麦称为晚播小麦或晚茬麦。这种小麦的生育特点：一是冬前苗小、苗弱。越冬前小麦单株只有 4 片叶，有 1 个分蘖或无分蘖，俗称"独秆苗"。二是春季生育进程快、时间短。晚播小麦幼穗分化开始晚、时间短、发育快，到幼穗分化的药隔形成期可以基本赶上适期播种的小麦。并且播种越晚，穗分化持续时间越短。与适期播种的小麦相比，穗分化的差距主要在药隔期以前，药隔期以后逐渐趋于一致。由于晚播小麦穗分化时间短，发育较差，不孕小穗相应增加，穗粒数也有所减少。三是春季分蘖成穗率高。由于晚播小麦冬前积温少，主茎叶片少，冬前很少分蘖或基本没有分蘖，但到春季随着温度的升高，分蘖增长很快，成穗率也比适期播种的高。四是由于晚播小麦的成熟期比适期播种的小麦推迟3～5天，因此，有的年份在灌浆期易受干热风的危害，降低千粒重。

晚播小麦应变高产栽培技术，是根据晚播小麦的生育特点，经过组装配套和试验示范而形成了一套综合性的栽培技术。其主要内容是：增施肥料，以肥补晚；选用良种，以种补晚；加大播量，以密补晚；精细整地，造好底墒，提高播种质量，以好补晚；及时进行科学管理，促壮苗多成穗。它是一套以主茎成穗为主体的综合性的配套栽培技术。

(1) 增施肥料，以肥补晚 由于晚播小麦具有冬前苗小、苗弱、根少、没有分蘖或分蘖很少，以及春季起身后生长发育速度快、幼穗分化时间短等特点；并且由于与棉花等作物一年两作，消耗地力大；加上晚播小麦冬前和早春苗小，不宜过早进行肥水管理等原因，必须对晚播小麦加大施肥量，以补充土壤中有效养分的不足，促进小麦多分蘖、多成穗、成大穗，创高产。应注意的是，土壤严重缺磷的地块，增施磷肥对促进根系发育，增加干物质积累和提早成熟有明显作用。因此，增施肥料，配方施肥是提高晚播小麦产量的重要措施，对提高小麦的抗旱、抗干热风能力也有重要作用。晚播小麦的施肥方法要坚持以有机肥为主，化肥为辅，配方施肥的原则。一般亩产250～300千克的麦田，基肥以亩施有机肥3 000千克、尿素15千克、过磷酸钙50千克为宜；亩产350～500千克的晚播小麦，亩施有机肥3 500～4 000千克、尿素20千克、过磷酸钙40～50千克为宜。

(2) 选用良种，以种补晚 实践证明，晚播小麦应选择半冬性品种，因为半冬性品种阶段发育进程较快，营养生长时间较短，灌浆强度大，容易达到穗大、粒多、粒重、早熟丰产的目的。

(3) 加大播量，以密补晚 晚播小麦由于播种晚，冬前积温不足，难以分蘖，春生蘖虽然成穗率高，但单株分蘖显著减少，用常规播种量必然造成穗数不足，影响产量的提高。因此，加大播量，依靠主茎成穗是晚播小麦增产的关键。应注意根据播期和品种的分蘖特性，确定合适的播种量。一般亩基本苗增加到 25 万～35 万株以上。

（4）提高整地播种质量，以好补晚 一要早腾茬，抢时早播。晚茬麦冬前、早春之所以苗小、苗弱，主要原因是积温不足。因此，要在不影响秋作物产量的情况下，尽量做到早腾茬、早整地、早播种，加快播种进度，减少积温损失。为促进前茬作物早熟，对棉花可于 10 月上旬喷乙烯利等催熟剂进行催熟，或于霜降前后提前拔棉花晾晒，力争早播种，争取小麦带蘖越冬。二要精细整地，足墒下种。精细整地不仅能给小麦创造一个适宜的生长环境，而且还可以消灭杂草。因此，前茬作物收获后，要抓紧时间深耕细耙，精细整平，对墒情不足的地块要造足底墒，力争小麦一播全苗。三要精细播种，适当浅播。采用机械播种可以使种子分布均匀，减少疙瘩苗和缺苗断垄，有利于个体发育。在足墒的前提下，适当浅播是充分利用前期积温、减少种子养分消耗，达到早出苗、多发根、早生长、早分蘖的有效措施，一般播种深度以 3～4 厘米为宜。四要浸种催芽，提早出苗。为使晚播小麦早出苗和保证出苗具有足够的水分，播前用 20～30℃ 的温水浸种 5～6 小时，捞出晾干播种，可提早出苗 2～3 天。或者在播前用 20～25℃ 的温水，将种子浸泡 1 昼夜，然后捞出堆成 30 厘米厚的种子堆，并且每天翻动几次，在种子胚部露白时，摊开晾干播种，可提早出苗 5～7 天。

（5）科学管理，促壮苗多成穗 一是镇压锄划，促苗健壮生长。根据晚播小麦的生育特点，返青期促小麦早发快长的关键是提高温度，管理的重点是镇压、锄划，对增温保墒，促进根系发育，培育壮苗，增加分蘖都具有明显作用。二是狠抓起身期或拔节期的肥水管理。小麦起身后，营养生长和生殖生长并进，生长速度加快，对肥水的要求敏感，水肥充足有利于促分蘖多成穗，成大穗，增加穗粒重。一般晚播麦田追肥时期以起身期为宜，追肥数量一般可结合浇水亩追尿素 15～20 千克，或碳酸氢铵 40 千克左右；底施磷肥不足的，每亩可补施磷酸二铵 10 千克；对地力较高、底肥充足、麦田较旺的麦田，可推迟到拔节期或拔节后期追肥浇水；群体不足的晚播小麦，应在返青后期追肥浇水，促进春季分蘖增生。三是加强后期管理。孕穗期是小麦需水的临界期，浇水对保花增粒有显著作用，应根据土壤墒情在孕穗期或开花期浇水，以保证土壤水分为田间持水量的 75％ 左右。晚茬麦要浇好灌浆水，以提高光合高值持续期，并抵御干热风的危害，提高千粒重。另外，要注意对小麦锈病、白粉病和蚜虫的防治。

4. 强筋小麦氮肥后移优质栽培技术有哪些?

根据国家质量技术监督局制定的标准（GB/T 17892—1999），优质强筋小麦要求籽粒容重≥770 克/升，降落数值≥300 秒。强筋一等小麦粗蛋白质含量（干基）≥15.0％，湿面筋含量≥35.0％，面团稳定时间≥10 分钟；强筋二等小麦粗蛋白质含量（干基）≥14.0％，湿面筋含量≥32.0％，面团稳定时间≥7 分钟。

氮肥后移高产优质栽培技术包括氮肥底施与追施比例的后移和氮肥追施时期的后移，建立具有高产潜力的两种分蘖成穗类型品种的合理的群体结构和产量结构，根据高产麦田的需肥特点平衡施用氮、磷、钾、硫元素和培育高产麦田土壤肥力等。

（1）播前准备和播种

①培肥地力和施肥原则。实行氮肥后移技术，必须以较高的土壤肥力和良好的土肥水条件为基础。生产实践证明，亩产小麦 350 千克左右及以上的麦田，适合于氮肥后移高产优质栽培。应培养土壤肥力达到 0～20 厘米土层土壤有机质含量 1.2％、全氮 0.08％、水解氮 70 毫克/千克、速效磷 15 毫克/千克、速效钾 90 毫克/千克、有效硫 16 毫克/千克及以上。

在上述地力条件下，施肥种类应考虑到土壤养分的余缺，平衡施肥，以利于良种高产优质潜力的发挥。亩产 500 千克总施肥量每亩施有机肥 3 000 千克，氮 14 千克，磷（五氧化二磷）7 千克，钾（氧化钾）7 千克，硫酸锌 1 千克。硫酸铵和硫酸钾不仅是很好的氮肥和钾肥，两者也是很好的硫肥，最好选用这两种肥料，如果肥源较缺，隔年选用一次也可以。

上述总施肥量中，在一般肥力的麦田，有机肥全部，化肥氮肥的50%，全部的磷肥、钾肥、锌肥均施作底肥，第二年春季小麦拔节期再施留下的50%氮肥。在土壤肥力高的麦田，有机肥的全部，化肥氮肥的1/3，钾肥的1/2，全部的磷肥、锌肥均作底肥，第二年春季小麦拔节是再施留下的2/3氮肥和1/2钾肥。

②选肥良种，确定合理群体，做好种子处理。选用品质优良、单株生产力较高、抗倒伏、抗病、抗逆性强、株型较紧凑、光合能力强、经济系数高的品种，有利于高产优质。

在北部冬麦区和黄淮冬麦区，有两类强筋和中筋品种，以不同的群体结构和产量构成，都可获得优质高产。一类是分蘖成穗率高的中穗型品种，由于其分蘖成穗高，适宜基本苗要求较少；由于是中穗，则亩穗数要求较多。另一类是分蘖成穗率低的大穗型品种，由于其分蘖成穗率低，适宜基本亩要求较多；由于是大穗，则亩穗数要求较少。两类品种获得高产要求的群体结构和产量结构如表7所示。

表7　不同分蘖成穗类型品种适宜的群体结构和产量结构

品种类型	群体结构（万/亩）				产量结构		
	基本苗	冬前	春季最高	穗数	亩穗数（万）	穗粒数（个）	千粒重（克）
分蘖成穗率低的大穗型	13～18	70～75	75～90	30左右	30左右	45	45～52
分蘖成穗率高的中穗型	8～12	54～65	80～90	40～50	40～50	33～35	45左右

要选用经过提纯复壮的质量高的种子。播种前用高效低毒的小麦专用种衣剂拌种，小麦专用种衣剂含有防病和防虫药剂，有利于综合防治地下害虫和苗期发生的根腐病、纹枯病，培育壮苗。

③深耕细耙，耕耙配套，提高整地质量，坚持足墒播种。适当深耕，打破犁底层，不漏耕；耕透耙透，耕耙配套，无明暗坷垃，无架空暗垡，达到上松下实；耕后复平，作畦后细平，保证浇水均匀，不冲不淤。播前土壤墒情不足的应造墒播种。

④适期播种，精细播种，提高播种质量。种植规格，畦宽以2～2.5米为宜，畦埂高不超过40厘米，以充分利用地力和光能。可采用等行距或大小行种植，平均行距为23～25厘米为宜。适时播种，抗寒性强的冬性品种在日平均气温16～18℃时播种。抗寒性一般的半冬性品种在14～16℃时播种，冬前积温650℃左右为宜。冬性品种应先播，半冬性品种应适期晚播。早播会形成旺苗，早发早衰；晚播，冬前营养体小，光合产物少，根系生长发育差，分蘖少，不能形成壮苗。每亩基本苗和播种量要根据情况具体掌握。在播种适期范围内，分蘖成穗率高的中穗型品种，每亩以10万～12万株基本苗为宜；分蘖成穗率低的大穗型品种，每亩基本苗13万～20万。地力水平高、播期适宜而偏早，栽培技术水平高的可取低限；反之，取高限。播期推迟，应适量增加播种量。要用小麦精播机播种，重视播种机的质量，精确调整播种量，严格掌握播种行进速度以每小时6千米的速度为宜，严格掌握播种深度为3～5厘米，要求播量精确，行距一致，下种均匀，深浅一致，不漏播不重播。

(2) 田间管理

①冬前管理要点。

a. 保证全苗。在出苗后要及时查苗，补种浸种催芽的种子，这是确保苗全的第一个环节。出苗后遇雨或土壤板结，及时进行划锄，破除板结，通气、保墒、促进根系生长。

b. 浇冬水。浇好冬水有利于保苗越冬，有利于年后早春保持较好墒情，以推迟第一次肥水，管理主动。应于小雪节前后浇冬水，黄淮海麦区于11月底12月初结束即可。群体适宜或偏大的麦田，适期内晚浇；反之，适期内早浇。注意节水灌溉，每亩不超过40米³。不施冬肥。浇过冬水，墒情适宜时要及时划锄，以破除板结，防止地表龟裂，疏松土壤，除草保墒，促进根系发育，促苗壮。

②春季在（返青至挑旗）管理要点。

a. 返青期和起身期锄地。小麦返青期、起身期不追肥不浇水，及早进行划锄，以通气、保墒、提高地温，利于大蘖生长，促进根系发育，加强麦苗碳代谢水平，促麦苗稳健生长。

b. 拔节期追肥浇水。在高产田，将一般生产中的返青期或起身期（二棱期）施肥浇水，改为拔节期至拔节后期（雌雄蕊原基分化期至药隔形成期）追肥浇水，是高产优质的重要措施。施拔节肥、浇拔节水的具体时间，还要根据品种、地力水平、墒情和苗情而定。分蘖成穗率低的大穗型品种，一般在拔节初期（雌雄蕊原基分化期，基部第一节间伸出地面 1.5～2 厘米）追肥浇水。分蘖成穗率高的中穗型品种，在地力水平较高的条件下，群体适宜的麦田，宜在拔节初期至中期追肥浇水；地力水平高、群体偏大的麦田，宜在拔节中期至后期（药隔形成期，基部第一节间接近定长，旗叶露尖时）追肥浇水。对于地力水平一般的中产田，应在起身期追肥浇水。

③后期（挑旗至成熟）管理要点。

a. 开花水或灌浆初期水。开花期灌溉有利于减少小花退化，增加穗粒数；保证土壤深层蓄水，供后期吸收利用。如小麦开花期墒情较好，也可推迟至灌浆初期浇水。要避免浇麦黄水，麦黄水会降低小麦品质与粒重。

b. 防治病虫。小麦病虫害均会造成小麦粒秕，严重影响品质。锈病、白粉病、赤霉病、蚜虫等是小麦后期常发生的病虫害，应切实注意，加强预测预报，及时防治。进行无公害小麦生产，防治小麦蚜虫应该用高效低毒选择性杀虫剂，如吡虫啉、啶虫脒等，商品有 2.5％吡虫啉可湿性粉剂、10％吡虫啉可溶性粉剂、2％蚜必杀等。

c. 蜡熟末期收获，麦秸还田。高产麦田采用了氮肥后移技术，小麦生育后期根系活力增强，叶片光合速率高持续期长，籽粒灌浆速率高持续也较长，生育后期营养器官向籽粒中运转有机物质速率高、时间长，蜡熟中期至蜡熟末期千粒重仍在增加，不要过早收获。试验表明，在蜡熟末期收获，籽粒的千粒重最高，此时，籽粒的营养品质和加工品质也最优。蜡熟末期的长相为植株茎秆全部黄色，叶片枯黄，茎秆尚有弹性，籽粒含水率 22％左右，籽粒颜色接近本品种固有光泽、籽粒较为坚硬。提倡用联合收割机收割，麦秸还田。

5. 冬小麦节水、省肥、高产、简化"四统一"栽培技术要点是什么？

华北地区是我国小麦主产区，在水分管理上，传统的小麦高产栽培通常以满足小麦各生育时期的生理需水为基础，小麦生育期间一般灌水 4～6 次，灌水量超过 300 毫米。近年来，麦田灌水量已有一定程度下降，但在高产麦区仍有在播种后浇水 3～4 次，灌水量 200 毫米以上，水分利用效率没有明显提高。在肥料应用上，高产麦田氮肥投入量居高不下。氮肥的利用率却很低（30％～35％或更低），大量氮肥逸出或损失到环境中，如流入地下水，造成环境污染。

华北地区水资源十分紧缺，节水、省肥、高产、高效的统一是该区域小麦生产科持续发展的必然要求。"八五"期间，中国农业大学在河北吴桥（海河平原黑龙港流域中部，土壤为冲积型盐化潮土，耕层有机质含量 0.8％～1.2％，全氮 0.08％～0.1％，速效磷 15～20 毫克/千克，速效钾 40～50 毫克/千克；地下水 7～9 米，近 10 年平均小麦生长季降水 93 毫米）研究建立了"冬小麦节水高产技术体系"，形成 3 种技术模式，即在浇足底墒水基础上，生育期不浇水的亩产 350～400 千克模式；生育期浇 1 水亩产 400～450 千克模式；生育期浇 2 水亩产 450～500 千克模式，实现了节水与高产的统一，水分利用效率大幅度提高。近年来，进一步研究成功了节水、省肥、高产、简化"四统一"栽培技术体系，在生育期浇 2 水，亩投入化肥氮素 10～12 千克的基础上，亩产达到 500 千克以上。2004—2006 年连续 3 年 15 亩示范田平均亩产 592 千克，实现了持续超高长目标，水分利用效率 1.7～2 千克/米³，氮肥生产率 48～52 千克/千克氮，与同类去常规高产技术相比，节省灌溉水 50～100 米³，节省氮肥 30%～50%。为华北资源限制型地区小麦可持续高产提供了新的技术模式。

(1) 冬小麦"四统一"技术体系的基本原理 "四统一"技术体系主要原理是改变了"高投入、高产出"的传统栽培观念，确立了"适度低投入、高效高产出"的栽培新观念，并以系统思想为指导，在冬小麦、夏玉米一年两熟生产背景下，在统筹考虑和优化配置周年光温水肥资源基础上，"调整五项结构，发挥五项功能"：

一是调整耗水结构，充分发挥 2 米土体水库功能，高效利用土壤水，减少灌溉水，并创造前期和后期上层土壤适度水分亏缺环境，减少氮素损失，促进植株物质运转，提高氮素生理效率。

发挥 2 米土体水库功能，提高土壤水利用率，降低总耗水量。2 米土体是小麦根系分布带，也是庞大的地下水库，其有效储水量可达 465 毫米。麦田耗水由降水、灌溉水和土壤水三部分组成，多年的研究已经表明：

a. 小麦消耗灌溉水越多，消耗土壤水就越少，增加土壤水消耗，可减少灌溉水消耗；

b. 小麦总耗水量与灌溉量呈正相关，灌水次数越多，总灌水量越大，总耗水量也越大；

c. 小麦总耗水量与土壤水消耗量呈负相关，土壤水消耗越多，总耗水量便越少。

因此，土壤水是高效水，提高土壤水利用率是减少灌溉水，并降低总耗水量的核心。传统高产栽培，春季灌水 3～4 次，土壤水消耗量占总消耗量的比例只有 30%，总耗水量大。节水栽培，春浇 2 水，在不同降水年份，土壤水占总耗水的比例达 45%～50%，总耗水量减少。由于传统栽培依靠灌溉水，大量土壤贮水不能充分利用，麦收后腾出的土壤空库容小，难以容纳汛期多余的降水，造成汛期雨水的损失。节水栽培，依靠土壤水，麦收后腾出的土壤空库容大，可有效接纳汛期多余的降水，以免流失。

利用上层土壤适度水分亏缺环境，减少氮素损失，提高氮素效率。土壤氮和施入土壤的肥料氮，存在 3 种损失途径：氨挥发、淋洗和反硝化，这些损失均与土壤水分或灌溉有密切关系。水多则肥料损失增多。冬小麦节水栽培，播后生育期内浇 2 水（拔节水和开花水），免浇冬水和灌浆水，且第一水推迟到拔节后期，在一般年份，拔节前 0～20 厘米和灌浆后期 0～60 厘米土层水分亏缺，可以明显减少土壤氮素损失。

a. 氮素淋洗损失得以减少。由于冬小麦生长季内降雨稀少，因此导致淋洗损失的主要原因是灌水，特别是过量灌水。采用节水灌溉制度，一方面能有效防止小麦生长期内肥料氮向深层淋洗，另一方面由于麦收后上层土壤处于干旱状态，腾出的土壤空库容大，可以较多的接纳汛期多余的降水，进而可防止下层硝态氮向 2 米土体以下淋失。

b. 氨挥发可显著减少。由于氨肥播前一次性深施，取消了表面追肥，减少了氮肥滞留于土面上的机会，土壤氨挥发可以降低到最低限度。又由于节水栽培植株叶面积明显减少，也有效地减少了叶面的氨释放。

c. 反硝化作用可减弱。影响反硝化速率的因素包括水分状况、温度和有机质含量等。由于在早春温度上升季节，以及后期高温时段，节水栽培耕层土壤处于干旱状态，硝化、反硝化细菌的活动受到一定限制，从而可减少反硝化损失。

在一般年份生育期浇 2 水基本可满足小麦高产对水分的需求，在此基础上再增加灌水的增产效果甚微或不再增产，但植株氮吸收量则可能增加，这将导致氮素生理效率下降。在 2 水灌溉下，小麦生育后期上层土壤水分亏缺，可促进营养器官物质转移，从而减少氮素在营养体的滞留，也提高了氮素的生理有效性。

氮素损失量减少，氮肥施用量就可降低，而施氮量的降低，反过来又有利于氮素损失率的减小和水分利用效率的提高。

二是调整施肥结构，充分发挥基肥深施和养分互作效应，合理配肥，全部肥料作基肥一次性深施，进一步提高氮素利用效率，并简化栽培措施。

施肥结构包括肥料的种类配置和施肥的时、量配制。常规的高产栽培实践，不仅在灌溉制度上存在灌水次数偏多、灌水量偏大的问题，而且在施肥制度上存在着氮肥偏多、用量偏大、施肥偏迟的问题。随着节水灌溉制度的确立，也应相应的改革施肥制度，确立高效施肥结构。根据多年研究，提出了"限氮稳磷补钾，有机无机结合，全部肥料基施"的节水省肥高产施肥模式。

限氮。在吴桥不同地力水平条件下所开展的不同施氮量试验证明，在投入有机肥 $1\sim2$ 米³/亩的基础上，节水栽培小麦获得最高产量的氮肥施用量（纯氮）范围通常在 $10\sim15$ 千克/亩，若过多施氮不仅不能增加产量，而且可能导致减产，并明显降低效益。而在高产施氮量范围内，偏低施氮水平氮肥利用率和氮生理效率可以同步提高。由此，确定当地中上等地力亩产 500 千克以上农田最适施氮量为 $10\sim12$ 千克/亩。这一施氮量较黄淮海地区限行高产田施氮量减少 $30\%\sim50\%$。上述施氮量在黄淮海地区具有较广泛的应用价值，关键在于氮肥利用率和氮生理效率的控制。根据在吴桥的多年研究，采用节水栽培综合调控技术，在春浇 2 水条件下，氮生理效率一般可达 $40\sim44$ 千克/千克氮，而氮肥当季表观利用率为 $45\%\sim50\%$（差减法）以上。

稳磷补钾。在节水栽培条件下增施磷肥可起到促根下扎、提高植株吸氮能力和增强产量的作用。但在现行生产上的施磷水平（亩施有效磷 $6.9\sim9.2$ 千克）下，再增施磷肥已无增产意义。试验和调查表明，目前，大部分土壤钾素含量偏低，在节水灌溉下增施钾肥可显著提高千粒重，增加小麦产量。因此，确立稳磷补钾的原则。

保证有机肥。当前高产农户的有机肥施用量一般为 $1.5\sim2.0$ 米³/亩。在节水条件下，实现亩产 500 千克以上目标，必须确保这一有机肥水平。实验表明，不施有机肥处理与施有机肥处理相比较，产量下降 10%，化肥氮利用率降低 25.4%。

全部肥料基施。现行的高产栽培技术,强调适时早播,冬前生长量大,越冬枯死的生物量也大,养分的无效消耗多,且在充分灌溉下,前期土壤养分损失也多,基肥氮的利用率低,其肥效期往往只能延续到药隔期,为了维持和增加后期群体光合生产,必须增加追肥,特别是拔节期追肥。然而在小麦节水省肥栽培体系中,适当晚播,年前生长量小(主茎有2.5~4.0片叶),越冬枯叶率低;足墒播种后,至拔节前不进行灌溉,表层暄土覆盖,土壤养分损耗少,且根系深扎,利用土壤养分多,因而基肥氮的肥效期可以延长到灌浆期以后,后期土壤下层养分也成为重要肥源。因此,节水栽培下,减少总施氮量,可将有限的氮肥全部做基肥施用,这样不仅可以增加前中期植株长势,有利于增加穗数和穗粒数,同时,可以增加前中期植株吸氮比例,有利于氮素再分配,提高氮素生理效率。另外,也在一定程度上简化了管理技术,有利于提高劳动生产率。

三是调整根群结构,充分发挥初生根(种子根)的持续吸收功能,扩大初生根群,增加下层土壤水、肥资源的利用,提高周年水、肥利用效率。

现行的小麦高产栽培,往往依靠分蘖成穗,强调植株应具有强大的次生根群,由于次生根主要分布于土壤上层,难以适应后期上层土壤干旱环境。在节水条件下,灌浆后期0~60厘米土壤水分亏缺,为了维持后期光合生产和籽粒库活性必须扩大深层根群。利用深层土壤水肥,深层根群的组成除了一部分伸长下扎的次生根外主要是初生根系,因此,节水省肥高产栽培的根群构成必须充分发挥初生根的作用。

将冬小麦—夏玉米一年两茬作为一个统一的系统来考虑养分的利用。夏玉米生长在高温、多雨的季节,根系分布浅,最大根深为120厘米,95%以上根系分布在0~60厘米土层,土壤氮素释放快,在生长的前中期,土壤有效氮和肥料氮易随雨水(或灌溉水)淋溶至根区以下,而在生长的后期,由于根系吸收能力弱,土壤中有大量矿化氮滞留。据测定,玉米收获后1米以下土层有效氮含量达25～40毫克/千克。下层土体（120～200厘米土体）硝态氮残留量达9.1～20.3千克/亩。在小麦生育期充分灌溉条件下，下层滞留氮素将会不断被淋出2米土体以下；如果小麦季大量施氮而未被利用，麦收后的土壤水库空库容小，容纳不下汛期多余降水，滞留在2米土体的有效氮素会在汛期淋失进入地下水，造成养分的浪费。小麦节水栽培，并减少氮肥用量，较多的根系深扎于1米以下，有利于土壤养分被利用，特别是下层根系起着"养分泵"的作用，能将残留于下层土体中的氮素"抽吸"利用，同时由于减少灌溉，麦收后腾出的土壤水库空库容大，容纳汛期多余的降水，蓄留了夏季未被利用的速效氮素，减少或避免了水肥的渗漏流失。

扩大下层根系比例有3条途径：一是选用单株初生根数目多的品种；二是增加播种密度提高根群初生根比例；三是拔节前控制土壤水分，促使根系下扎。小麦初生根出生早，入土深（可达2米以下），是下层根系的主体，因此，也是主要的"养分泵"。据观察，不同品种初生根数目有较大差异，不同品种中初生根数相差可达3条以上。具有较多的初生根数目的品种，节水栽培条件下后期高温干旱条件下能维持较高的千粒重，如节水省肥超高品种石家庄8号、76-2、93-9均具有相对较多的初生根数目。

因此，小麦节水省肥高产栽培的根群结构，表现为初生根数目多，根群中初生根/次生根比值高、下层根/上层根比值高、根/穗比大及下层根活力强等特征。

四是调整冠层结构，充分发挥穗、茎、鞘等非叶器官光合耐逆机能，扩大冠层非叶光合面积，构建大群体、小个体、高光效、低消耗株群结构，增加后期光合生产，在大库容下实现源库协调。

作物冠层构型与群体光合效率密切相关，节水省肥如何高产，关键是建立一个高光效、低耗水肥的株群结构。构成群体光合结构的器官不仅包括叶片，还包括穗、茎、鞘等非叶绿色器官。然而长期以来人们对植株光合结构的研究主要集中在叶片上，把叶片的数量、大小及其空间分布作为构成株型的主要因素。在黄淮海地区气候条件下，为实现节水省肥与高产的统一，应改变以往过分依赖叶片光合维持和提高作物产量的传统观念，改变现行栽培中的高水肥运筹模式，在重视叶片质量的同时，应充分重视冠层中非叶绿色器官的作用，发挥其光合耐逆机能。在小麦节水栽培中通过控水来控制叶片面积并提高叶片质量，通过增加密度来提高群体中非绿色器官的比例，增加穗/叶比值，充分发挥非叶绿色器官的抗旱节水作用和光合潜力，有利于维持后期群体光合作用并提高水分利用效率。

节水省肥高产栽培的一个重要思想是：控制单茎叶面积，提高叶片质量，发挥非叶绿色器官的光合抗逆机能。根据多年小麦节水栽培的研究实践，总结形成了冬小麦节水高产群体结构和株型特征，这样的群体中非叶绿色光合器官所占比例较大，冠层构型表现大群体、小个体、上层叶片小、单茎叶面积小、穗/叶比值大等结构特征和高光效、低耗水、强抗逆等功能特点。

节水省肥高产品种选择指标：小叶型（旗叶长 12～15 厘米），叶片质量好；种子根多（＞4 条）；容穗量大（＞50 万穗/亩）；小穗紧凑，穗层整齐；籽粒灌浆快，千粒重高（＞44 克）。

节水省肥高产群体主要指标：上 3 叶高效叶面积系数 3.5～4.0；旗叶节以上非光合面积系数 4.5～5.0；总穗数 50 万～55 万穗/亩；穗/叶比（穗数/上 3 叶总面积）200～250（穗/米^2）。

五是调整产量结构，充分发挥综合技术的协同补偿效应，补偿上层土壤水分亏缺对产量构成因素的不利影响，并在水肥限制条件下，实施"增加穗数、稳定粒数、提高粒重"的主攻战略，最终实现高产目标。

节水省肥高效栽培，确保实现 500 千克/亩高产目标，力争突破 600 千克/亩超高产目标，既要扩库又要强源，同时还要减耗，必须选择正确的主攻战略，发挥综合技术的作用，使扩库强源减耗得到统一。在节水省肥条件下，扩大群体库的可靠途径是增加穗数，增加穗数的有效途径是增加基本苗，而在高基本苗条件下，穗粒数难以增长，应力求稳定。增强群体源性能（强源）是高产的保证，特别是实现超高产目标，粒重的作用更加突出。强源的重点在后期，但由于后期高温、干旱胁迫，充分利用起身至开花期有利的光温条件，增加花前物质生产与贮藏，对于补偿后期光合生产之不足十分重要；又由于叶片对逆境敏感，充分利用非叶器官光合耐逆机能，对于补偿后期叶片功能之不足尤为重要。而控制无效分蘖、减少冬前生长量、减小单株叶面积、促进贮藏物运转是减少群体物质无效消耗的有效途径。

研究表明，对0～40厘米土壤水分亏缺反应最敏感的是穗粒数，其次是千粒重，在节水栽培条件下，由于采取了加大基本苗等措施，穗数对其反应最不敏感。对穗数影响最大的时期是拔节至孕穗期，对穗粒数影响最大的时期也是拔节至孕穗期，对千粒重影响最大的时期是开花至籽粒形成期。春浇2水谋求最大产量，最适灌水时期应在拔节和开花期。在此基础上，拔节前和灌浆后期土壤水分亏缺的影响可以通过作物自身调节能力和技术措施加以补偿。

在水肥限制条件下，实现小麦高产、超高产的主攻战略应是"增加穗数、稳定粒数、提高粒重"，据此，提出了技术补偿策略，包括：通过晚播增加基本苗增加穗数；通过全部肥料基施增加植株前期长势，并通过关键期（拔节、开花）补充灌溉稳定粒数；通过增苗增穗，增加地下部初生根数目和地上部非叶光合面积，同时通过拔节前控水减少单茎叶面积并促根下扎，构建大群体、小个体、高穗/叶比值、高根/穗比值的高效低耗株群结构，从而增加后期深层水肥利用和群体物质生产，提高粒重；通过选择容穗量大、穗粒数稳、灌浆快粒重高、水肥高效型品种与上述技术相配合，全面协调产量构成因素和库源关系。春浇2水亩产600千克以上的超高产田产量结构为：亩穗数50万～55万，穗粒数28～31粒，千粒45克以上。

（2）冬小麦"四统一"技术体系基本措施 "种"：依"法"选种，种法配套。根据节水省肥高产栽培方法的要求，选择适宜品种。应选择容穗量大、穗粒数稳、灌浆早而快的品种，这样的品种应有的形态特征是：株高中等、上2叶较小而保绿性好、穗型紧凑、穗层整齐、粒重较高等，如石家庄8号、石麦12、石麦15、济麦 20 等。不要用成熟晚、灌浆慢、叶片大而薄的品种。

"土"：看好地力，选好土壤。节水高产栽培适宜的土壤为沙壤土、轻壤土和中壤土，地力中等或中等以上。沙土地和重黏土地不适宜。

"墒"：浇足底墒，切忌抢墒。通过播前灌足底墒水，使2米土体的含水量到田间持水量的90％以上。一般年份底墒水50 米³/亩，切忌抢墒播种。要破除"只有多灌溉才能多打粮"的传统观念，树立以利用土壤水为主在新观念。播前贮足封水，小麦一生可减少灌溉水 50～100 米³，由于多利用土壤水，麦收后土壤空库容大，可以较多地接纳夏季降水，减少汛期雨水损失。

"肥"：合理配肥，全部基施。掌握"限氮稳磷补钾，有机无机结合，全部肥料基施"的原则，合理配肥，全部肥料基施，充分发挥基肥深施和养分互作效应，促进前期根系发育和养分吸收，补偿因晚播和前中期上层土壤水分亏缺少对穗粒数的不利影响，并为后期多利用下层土壤水分创造条件。同时，可以简化田间作业，减少氮肥损失，提高肥料利用率。一般来讲，在中、上等土壤肥力条件下，实现亩产 500～600 千克产量目标，每亩需施用有机肥 1.5～2米³、磷酸二铵 15～20 千克、尿素 15 千克、硫酸钾 15 千克、硫酸锌 1 千克，全部作底肥一次性施下，一般不再追肥。实践中，因地力不匀等原因，拔节期若出现点片叶色明显变淡，则点片补施适量尿素（每亩不超过 5 千克）；若无明显褪绿现象，则不追施氮肥。

"密"：晚播增密，以苗增穗。适当晚播，冬前苗龄小，可以减少前期肥水消耗，防止冬季冻害，也为免浇冬水创造条件。在河北吴桥县 10 月 5 日前偏早播，气温高，蒸发量大。冬前无效耗水多，且夏玉米要早收，不能充分成熟，有弊无利；10 月 25 日以后过晚播，冬前无效耗水少，但根系难以深扎，抽穗期推迟，弊大于利。因此节水栽培应以越冬苗龄2.5～4 叶为宜，河北大部分地区最适宜播期在 10 月 10～20 日。晚播应增加播种量，以基本苗保证穗数。苗多，种子根数目也多；穗多，后期非叶器官光合面积也大。

在上述最适播期内，亩基本苗 30 万～45 万（即 10 月 10 日播 30 万，每晚播 1 天增苗 1.5 万）。应以适当晚播、保证亩成穗50 万左右为原则要求，因地制宜确立具体播期播量。

"质"：精耕匀播，严求质量。由于基本苗多，苗间分布均匀度格外重要，为了减少萎缩苗、降低弱株率、提高穗整齐度，要求：

a. 精细整地，在适耕期耕翻土壤，翻埋根茬、秸秆，耕深 20 厘米，耕前均匀施肥并撒施毒饵，耕后严格耙地、糖压、耢地。若不能耕翻，采用旋耕，耕后务必耙压。整地要做到耕层上虚下实，土面细平，耕耙作业，时间服从质量。

b. 精选种子，使籽粒大小均匀，严格淘汰碎瘪粒。

c. 精匀播种，做到播深一致（3～5 厘米），落籽均匀。机播，行距 13～15 厘米，严格调好机械、调好播量，避免下籽堵塞、漏播、跳播。地头边是死角，受机压易造成播种质量差、缺苗，应先横播地头，再播大田中间。旋耕地播后待表土现干时，镇压一遍，镇压后表面轻耙土，形成暄土覆盖。用三行畜力耧播，行距 20 厘米，提倡行内重播。在生产示范中发现，凡是达不到预期产量目标者多因为穗数偏少，穗数不足的原因是基本苗数少，播种质量低。确保播种质量是小麦节水高产栽培技术体系成败的关键。因此，要确保播种量，严格把握播种质量。

"保"：暄土保墒，防害保苗。播种后垄内镇压，垄背不镇压，在漫长的冬前、冬季和早春保持表层暄土覆盖，可起到良好的保墒效果。抓好药剂拌种和土壤消毒，严控土壤害虫，确保苗全苗壮。

"水"：春浇 2 水，适期适量。免浇冬水，春水晚浇，促根控叶，保障孕穗到灌浆前期水分供给。浇水时期：春浇 2 水，最适灌水组合为拔节水＋开花水。在足墒足苗晚播基础上，拔节水时期为春 4 叶到春 5 叶期，尽可能晚浇，即使冬季和早春雨水偏少也不应提倡早浇水；开花水时期为开花到开花后 5 天。若只能春浇 1 水，灌水时间为拔节至孕穗期。亩浇水量：50 米^3/次。

上述措施虽简单，但却是一个整体，必须全部落实到位。

6. 小麦垄作高效节水技术要点是什么？

小麦垄作高效节水技术是山东省农业科学院作物研究所与国际玉米小麦改良中心合作研究成功的高效农业节水技术，该技术在麦田起垄，将小麦种植在垄顶上。小麦垄作栽培与传统平作相比，改变了耕作和种植模式，有利于改良土壤结构；改变种植方式，提高水分利用率；创新施肥方式，提高肥料利用率；改变种植方式增加光能截获量，提高光能利用率。与传统平作相比，垄作栽培有利于优化小麦群体与个体的关系，发挥小麦的边行优势，达到群体适宜，个体健壮，穗足、穗大、粒重之目的，一般增产10%左右及以上。其主要栽培技术要点是：

(1) 选择适宜地区 小麦垄作栽培适宜于水浇条件及地力基础较好的地块，应选择耕层深厚、肥力较高、保水保肥及排水良好的地块进行。

(2) 精细整地 播前要有适宜的土壤墒情，墒情不足时应先造墒再起垄。如农时紧，也可播种以后再顺垄沟浇水。起垄前深松土壤20～30厘米，耕平后再起垄。整地时基肥的施用原则同一般的精播高产栽培方法。

(3) 合理确定垄幅 对于中等肥力的地块，垄宽以70～80厘米为宜，垄高13～15厘米，垄上种3行小麦，小麦的小行距为15厘米，大行距为50厘米，平均行距为26.7厘米，这样便于下茬夏玉米直接在垄沟进行套种；而对于高肥力地块，垄宽可缩小至60～70厘米，垄上种2行小麦，麦收后玉米直播在垄顶部的小麦行间。

(4) 选用配套垄作机械，提高播种质量 用小麦专用起垄、播种一体化机械，起垄与播种作业一次完成，可提高起垄质量和播种质量，尤其是能充分利用起垄时的良好土壤墒情，利于小麦出苗，为苗全、齐、匀、壮打下良好的基础。用精播机播种，播种深度为3～5厘米。

(5) 合理选择良种，充分发挥垄作栽培的优势 在品种的选择上应以分蘖成穗率高得多穗型品种为宜，如烟农 19、济麦 20、泰山 23 等，这样有利于充分利用空间资源、扩大光和面积，可最大限度地发挥小麦的边行优势。

(6) 加强冬前及春季肥水管理 垄作小麦要适时浇好冬水，干旱年份要注意垄作小麦苗期和春季及时浇水，以防受旱和冻害。后期灌水多少应视天气情况灵活掌握。小麦起身期追肥，一般亩追 10～15 千克尿素，肥力直接撒入沟内，可起到深施肥的目的。然后再沿垄沟小水渗灌，切忌大水漫灌。待水慢慢浸润至垄顶后停止浇水，这样可防止小麦根际土壤板结。切忌将肥料直接撒在垄顶，否则不仅会造成肥料的浪费，严重的还会造成烧苗现象。小麦孕穗灌浆期应视土壤墒情加强肥水管理，根据苗情和地力条件，脱肥地块可结合浇水亩追尿素 5～10 千克，有利于延缓植株衰老，延长籽粒灌浆时间，提高产量，同时为玉米套种提供良好的土壤墒情和肥力基础。

(7) 及时防止病虫草害 小麦垄作栽培有利于有效控制杂草，且由于生活环境的改善（田间湿度降低、通风透光性能增强、植株发育健壮等），植株发病率和病虫害均较传统平作轻，但仍应注意病虫害的预测预报，做到早发现、早防治。

(8) 适时收获，秸秆还田 垄作小麦收获同传统平作一样均可用联合收割机收割，但套种玉米的地块应注意保护玉米幼苗。垄作栽培将土壤表面由平面形变为波浪形，粉碎的作物秸秆大多积累在垄沟底部，不会影响下季作物播种和出苗，因此要求垄作栽培的作物尽量做到秸秆还田，以提高土壤有机质含量，从而达到培肥地力，实现可持续发展的目的。

(9) 垄作与免耕覆盖相结合 垄作与免耕覆盖相结合可大大减少雨季地表径流，充分发挥土壤水库的作用，抑制杂草生长，减少土壤蒸发，大幅度提高土壤水分利用率及土壤生产能力。

7. 旱地小麦丰产栽培技术有哪些？

(1) 选用抗旱耐旱品种 小麦耐旱品种对干旱环境适应性强，

受旱灾后器官功能恢复快，遇到严重干旱损失轻。旱地小麦可分为旱薄地品种和旱肥地品种两种类型。旱薄地品种，要求抗旱、抗冻、耐瘠、丰产潜力大，严重干旱年份少减产或者不减产，正常年份增产，丰水年份大增产，产量弹性大；其特征特性，要求种子根生长快，分蘖力较强，苗期稳健、壮而不旺、叶片较窄、叶色淡绿、成穗率高、落黄好，籽粒饱满。旱肥地品种，要求抗旱耐肥、分蘖力中等、穗头较大、植株较矮、抗倒伏等。目前，耐旱品种不多。主要有冀麦 32、科红 1 号、秦麦 3 号、济旱 044、平阳 27 等，主要适宜于半湿润偏旱区的中等旱地或旱薄地。旱肥地品种主要有沧麦 6002、沧麦 6001、河农 826、鲁麦 13 号、捷麦 19 等。

(2) 培育地力及以肥济水 当前，旱地小麦产量低而不稳的主要原因是土地瘠薄，氮磷失调，造成水分生产效率低。一是平衡增施化肥，以肥济水。所谓平衡增施化肥，就是高产田和旱薄田、大量元素和微量元素、各元素之间的比例要协调平衡。在以磷为限制因素的条件下，以磷定氮。在土壤速效磷 7.5～9.5 毫克/千克、碱解氮 75～87 毫克/千克、亩施磷肥（有效磷）4.8 千克的基础上，氮素用量以每亩 11.5 千克左右小麦产量较高，亩产达 367.5～386.4 千克，比不施氮肥增产 47.0%～54.6%，即一般旱地亩施过磷酸钙 40 千克、尿素 25 千克，小麦产量较高。在一定氮肥基础上，以氮定磷，如在土壤速效磷 6 毫克/千克左右，亩施氮素 8 千克、不施有机肥的条件下，磷肥（有效磷）用量每亩 8.5 千克左右，小麦亩产可达 344.2 千克，比不施磷增产 64.0%，即在缺磷地块，以亩施尿素 20 千克、过磷酸钙 70 千克，经济效益高。多处实验证明，在亩施尿素 20 千克的条件下，一般地块亩施过磷酸钙 50～75 千克效益较好；严重缺磷地块及干旱年份，以亩施过磷酸钙 100 千克左右为佳。氮、磷或氮、磷、钾配合，氮、磷比值与小麦产量的关系随土壤速效磷高低而变动，当土壤速效在 5 毫克/千克以下，雨水偏少年份，小麦产量与氮磷比值（N/P_2O_5）呈负相关关系。旱地小麦缺磷重于缺氮，单纯施氮效果不大，单纯施磷效果显著，氮、磷比例以 1.5～2 为好。含磷中等，氮、磷比例以 1：

0.7～1 为好。旱地小麦单纯施钾作用不大，必须氮、磷、钾配合才能发挥肥效。氮、磷、钾的比例一般以 2∶1∶1（N∶P_2O∶K_2O）为好。二是有机、无机肥同步投入培肥地力。在基本苗相似的情况下，施肥能促进单株分蘖和次生根的生长，有利于增加亩穗数和穗粒重，因而增产显著。经调查，有机、无机肥同步投入比不施肥小麦冬前单株分蘖增加 1.7 个，次生根增加 2.9 条，亩穗数增加 12.8 万，穗粒数多 5.8 粒，亩产量提高 79.3％～147.0％；单施有机肥或无机肥增产幅度较小。其增产幅度是，有机、无机肥同步投入＞无机肥＞有机肥，同时还看出，随着培肥年限的延长，增产幅度增大。据测定，亩施有机肥 3.3 吨，连续施用 2 年，可提高耕层有机质 0.01％，全氮略有增加。据综合试验，小麦一生从土壤中吸收的氮素占总吸收氮量的 70％左右，从施肥中吸收氮素仅占 30％左右。由此可知，培肥地力是获得小麦丰产的物质基础。三是微量元素不可忽视。经试验，0.6％硫酸锌浸种能促进苗期单株分蘖、次生根的增长，后期能提高穗粒数或千粒重，从而起到增产作用，硫酸锌浸种比清水浸种增产 6.5％～19.6％，平均增产 12.5％应予推广。其次是磷酸二氢钾、尿素、助壮素混合液浸种，比清水浸种增产 5.3％～17.7％，平均增产 9.0％，再是锰肥在部分地区也增产 6％以上，都可提倡。

（3）蓄水保墒 旱地小麦的需水来源是自然降水，如何利用，"土壤水库"多蓄水，把已贮存的水分保护好、利用好，是耕作栽培中应研究的问题。就多年的试验结果证实，深浅轮耕、残茬覆盖等是蓄水保墒的有效措施。一是深浅轮耕。深耕深翻能打破犁地层，增加渗水速度，改良土壤，消灭杂草、病虫害等，确有一定增产作用。但深耕深翻的时间要因地制宜。土层深厚、伏雨较多，秋季湿润，腾茬早的地块可以深耕。深耕深翻实际上是为汛期多接纳伏雨建造库容，夏雨春用。因为在小麦生育期间的 8 个月中，降水稀少，也无径流，根本无水可蓄。因此，还应提倡麦收后或汛期前在夏播作物行间进行深松耕，既不打乱土层，又能打破犁地层，起到多蓄水少跑墒的作用。现在已有深松机械，应酌情推广。如果伏雨少，秋季干旱，深耕深翻水分蒸发量大，失墒严重，耕后坷垃遍地，会因播种出苗困难而减产。底墒好、表墒差的年份，也常因耕耙不实，墒情不足，缺苗断垄，终因苗少苗弱而减产。此种年份也不宜深耕。因此深耕应因时制宜，灵活掌握。浅耕，在秋季干旱或多年深耕的地片，提倡浅耕。浅耕可减少水分蒸发，在秋季旱年份浅耕比深耕耕层含水量高 1.7～2.54 个百分点。浅耕可培肥地力：据定位试验，土壤有机质含量连续 3 年浅耕比深耕 0～20 厘米土层增加 0.092 2%、0～10 厘米土层增加 0.216%；小麦苗期 0～20 厘米速效氮平均高 6 毫克/千克，速效磷高 14.9 毫克/千克。浅耕利于培育壮苗，由于浅耕肥料集中、保墒较好，为小麦生长创造上虚下实的土壤环境，有利于出苗齐全，麦苗健壮，单株分蘖和次生根也有所增加，据调查，在基本苗每亩都是 15 万左右的条件下浅耕比深耕冬前单株分蘖增加 0.4 个，次生根增加 1.1 条，总茎数增加 6 万；其单株干物重浅耕比深耕增重 0.15 克，提高 40.5%。浅耕可降低成本，提高产量，浅耕可减少耕作次数、降低能耗，省工，不误农时，并能增加亩穗数，提高产量。据多处试验，浅耕比深耕一般增产 7.2%～10.0%，个别年份增产更突出。但长期浅耕易造成地温偏低、杂草增多。总之，连年深耕即增加投资，有时还减产；长期浅耕也有弊端，而深、浅耕轮耕是最佳措施。它可以扬长补短，因地因时发挥优势。一般认为每浅耕 2～3 年深耕 1 年，较为适宜。二是残茬覆盖。主要有夏季残茬覆盖和冬前秸秆覆盖两种形式。夏季残茬覆盖包括高留麦茬或麦秆还田。麦收时高留麦茬，可减少汛期径流和水分蒸发，增加土壤蓄水量。麦茬低的地块，在汛期之前覆盖麦秸，同样能起到截留蓄水，减少蒸发，抑制杂草和增加有机质的作用。据测定，夏玉米田于 6 月下旬每亩覆盖 400 千克麦草，玉米收获时 0～100 厘米土层含水量比未覆盖的平均高 2.26 个百分点。有的单位测定，覆盖比未覆盖的多蓄水 41.95 毫米，蒸发量减少 43%～46%，0～20 厘米土层有机质含量增加 0.15%，小麦平均增产 18.1%。冬前麦田秸秆覆盖，据河北省试验，小麦越冬前每亩覆盖 400～500 千克铡碎的玉米秸，均匀地撒在行间，具有保温保墒作用，使冻土层减少，解冻日期提前 10 天，经测定，冬前覆盖至翌年返青，0～40 厘米土壤水分消耗较未覆盖的少 35.1%～66.7%，0～100 厘米消耗减少 37.0%～56.9%，覆盖麦田，春季地温较高、土壤墒情较好、利于小麦根系的生长发育，覆盖比未覆盖的麦田单株次生根多 11.1 条，0～20 厘米土层亩根量干重多 59.1 千克，20～40 厘米土层亩根量干重多 11.7 千克，被称之为"促根栽培"。另外，还具有抑制杂草、培肥地力的作用。三是保墒措施。带茬中耕、收获后及时灭茬耕耙能减少水分蒸发，保持表墒，利于播种。足墒是适时播种，出苗齐全、培育壮苗的关键。如何保持耕层水分，尤为重要。据试验，玉米收获前于 9 月 5 日深中耕 10 厘米，9 月 21 日测定 0～20 厘米土层含水量，中耕的提高 4.87 个百分点。暂时不能耕耙的地块，作物收获时将秸秆就地覆盖，待播种时揭开秸秆随施肥，随耕耙，随播种，播后及时镇压，早春适时划锄，有提墒保苗、增温保墒、促苗旱早发的作用，应予推广。

（4）沟播培育壮苗 沟播是旱薄地小麦抗旱保苗、增产显著的措施之一。一是沟播能提高田间出苗率，促进冬前壮苗。由于沟播能分开干土层，把种子播在较湿的土层里，种子发芽快，出苗齐全。据试验，沟播比平播能早出苗 1 天，同样播量基本苗增加 2～4；冬前单株蘖多蘖大，次生根多，叶面积较大，干物重较高。在基本苗相同的条件下，冬前单株分蘖增加 0.7 个、次生根多 1 条。由于冬前苗壮，植株体内可溶性糖增多，提高抗寒越冬能力。二是沟播能扩大叶面积系数，促进干物质积累，提高经济产量。据测定，拔节期间叶面积系数平播为 2.36，沟播为 2.54；抽穗期叶面积系数平播为 2.93，沟播为 3.51，沟播均高于平播。据观察，沟播麦的叶片功能期较长，有利于籽粒灌浆。其经济系数沟播 0.351，平播为 0.336，说明沟播群体具有高效低耗的作用。三是沟播能够改善水、肥、气、热条件。沟播能改善土壤水分状况，据测定耕层含水量，沟播为 8.07%，平播为 7.52%。这是因为沟播能多接纳雨雪，起到蓄水保墒作用。沟播麦苗长在沟内，有埂的保护，冬季和早春还能起到防风御寒作用。由于埂沟起伏相间，白天受光面积大，热量积累多，晚间沟底辐射散热比平播少，因而能相对提高地温，平抑地温变化。沟播行距，以 25～28 厘米为宜。行距过小群体偏大，耗肥耗水过多，产量不高；反之，群体偏小，也难获得丰产。

（5）建立高产低耗群体结构　旱地小麦土壤水分，养分是有限度的，如何经济利用，提高产量，是值得重视的问题。过去旱地小麦往往照搬水浇麦田的栽培模式，大都播期偏早，播量偏大，把有限的水分、养分被苗期过多群体消耗掉，到产量形成急需水分时却又无水可取，最终产量较低。旱麦的合理群体结构可以协调植株与地力、水分的矛盾，尽量减少消耗，获得较高的经济效益。一是适期播种。适期播种，培育壮苗，促进根系下扎，充分利用土壤深层水是提高旱麦产量的关键措施之一。过早播种易成旺苗，冬前耗费、耗水较多，后期早衰，产量低，即早发早衰。播种过晚冬前营养体小，形不成壮苗，蘖小根浅不耐旱，产量也不高。据试验，半湿润偏旱区的小麦最佳播期在 9 月 28 日至 10 月 3 日，早于 9 月 25 日或迟于 10 月 8 日多数年份减产。在适期范围内播期服从墒情，用播量调节群体。二是建立合理群体。基本苗是群体变化的起点，其多少对群体和个体均有很大影响。据试验，旱地小麦适宜的基本苗是 12 万～15 万株，低于 9 万或超过 18 万，大都减产。目前旱作麦田多数地块基本苗偏大，有限水分和养分被苗期消耗掉，是产量不高的重要原因之一。

基本苗与群体动态：分蘖是小麦的一个重要生物学特性，是成穗的基础，在低产阶段需要保蘖增穗，靠增穗增产。据试验，冬前单株分蘖 5～6 个，每亩总蘖数 50 万～60 万株，最大群体 80 万～90 万，亩穗数 30 万穗左右较为理想。叶面面积系数前 1～1.5，起身期 2 左右，拔节期 3～3.5，孕穗、抽穗期 3 左右，灌浆期 2～2.5 较为适宜。基本苗与产量构成：旱作小麦的群体大小要与地力、地墒和生育期内的降水量相适应。据试验，亩穗数与基本苗的关系呈两种趋势，一是亩穗数随基本苗增加而增加，两者呈正相关；二是两者呈一抛物线形，即苗多不一定穗多。穗粒重与基本苗的增多呈负相关。产量不随亩穗数的增加而提高，即穗多不一定高产。成熟期地上部每亩总干重差别不大但以群体适宜的麦田经济系数高。综合分析，建立合理的群体结构，在肥水有限的环境下，受播期、播量等因素制约。在适期播种条件下，基本苗以每亩 12 万～15 万株，冬前群体 50 万～60 万，最大群体 80 万～90 万，亩穗数 30 万左右，穗粒重 1 克左右，是较为理想的群体动态。

（6）合理调整茬口　一是旱麦种植的土层深度。通过多点调查，初步认为土层 60 厘米为适宜种麦的临界深度。土层不足 40 厘米不宜种麦，可进行一年一作。土层 60 厘米左右，一年两作还是两年三作要视伏雨丰缺而定。降水正常年份，一般小麦亩产 150～200 千克，可一年两作，干旱年份以二年三作经济效益高些。土层深度达 80 厘米，适宜种麦，以一年两作经济效益大。二是调整茬口。小麦前茬因作物不同，耗费、耗水不等，土壤残留养分有异，产量也有高低。据测定，土壤耕层速效氮、磷含量，豆科作物高于禾本科作物。如夏花生茬速效氮比夏玉米茬多 40 毫克/千克，速效磷多 5 毫克/千克，夏大豆茬速效氮比夏玉米茬多 20 毫克/千克，速效磷多 8 毫克/千克。土壤贮水量二年三作高于一年两作，豆科作物高于禾本科作物。据秋种前测定，春茬高于夏茬 2.7 个百分点，花生比玉米茬高 1.3 个百分点。因此，豆科作物和小麦轮作可肥水互补，利于小麦增产。小麦产量，二年三作春花生茬比夏玉米茬增产 23.9％，一年两作夏大豆茬比夏玉米茬提高 5％。

（7）旱地土壤水分动态特点　多年定位定时对旱地土壤水分动态和提高降水利用率进行了系统的研究，基本摸清了土壤水分年变化规律，掌握了提高水利用率要点，提出了相应的配套技术，为旱田开发提供了科学依据。

①旱地土壤水分的消长动态。

缓慢下降期：每年汛期结束至小雪期间，由于降水减少，秋高气爽，土壤水分蒸发较多，贮水量下降。

相对稳定期：每年的 11 月上中旬至翠年的 3 月上中旬，由于气温偏低，底面蒸发减少，土壤水分相对比较稳定。

急剧下降期：春季气温回升后麦苗开始返青、起身进入第二分蘖高峰期，并由营养生长进入生殖生长阶段，植株大量消耗水分。从 3 月中下旬，随着小麦生长发育至 6 月上旬成熟，土壤含水量呈直线下降趋势；小麦成熟前后为全年土壤含水量最低的时期。

恢复贮存期：小麦收获后至 8 月下旬或 9 月上旬为土壤水分恢复和贮存时期。此期间在 7 月份土壤水分很不稳定，如果有较大降水，土壤水分即可上升；反之 10 天无雨，在 0～120 厘米土层土壤水分可降至调萎湿度以下。真正的贮水期是在 7 月中旬 8 月底的雨汛期。

②土壤水分的垂直运动。

下移时期：随着汛期降水量的增多，水分从上向下移动。如降大雨，5 天之内水分可下渗 120 厘米以下；如汛期降水少，仅下移到 0～60 厘米处；正常年份，11 月中旬下移到 120 厘米处。

相对平衡时期：11 月下旬至翌年 3 月中旬，土壤水分上下基本平衡。12 月下旬至 1 月下旬，由于天寒地冻，土壤上层温度低，下层温度高，土壤水分向上移动凝聚，使 0～20 厘米土层含水量明显增加。如 1985 年 12 月下旬至 1986 年 1 月中旬，济南基本上没降雨雪，0～10 厘米土层含水量达 21％，10～20 厘米土层含水达 18％，都明显高于下层。

损失时期：3 月下旬至小麦成熟，土壤水分由上而下大量调出，形成上干下湿的塔尖梯度，也是全年水分消耗量最多的时期。

③不同土层土壤水分的运动特点。

活跃层：即 0～30 厘米土层。机耕地块 0～25 厘米为熟土层，25～30 厘米为较硬的犁底层。由于耕层受气象因素、耕作方式的影响，不同时期含水量变化较大；汛期有时水分达饱和状态，干旱时可降至调萎湿度以下。尤其 0～10 厘米土层，由于与大气直接接触，干湿变化更加频繁。

次活跃层：即 30～80 厘米土层。由于该层受大气和人为活动影响较小，土壤水分有季节性和较稳定的变化。休闲区，10 月至翠年 3 月中下旬，主要消耗活跃层的水分，3 月下旬至 6 月下旬主要消耗次活跃层的水分，7 月份则消耗到 80 厘米以下。小麦生长期间 10 月至翠年 1 月主要消耗活跃层的水分，2～3 月份消耗次活跃层的水分，4～5 月份消耗 80 厘米以下的水分。在整个小麦生长期间，此活跃层的水分随时间的推迟由大到小递减，呈明显的梯度。

稳定层：即 80 厘米以下土层。80 厘米以下土层水分相对比较稳定，但总的趋势从 11 月下旬至 7 月中旬呈梯度递减，7 月中旬前后含水量最低，尔后随降水量的增加逐步恢复。

据测定，大气干旱和土壤干旱不同步，大气干旱在 5 月份，土壤干旱在 6 月下旬至 7 月中旬，土壤干旱要比大气干旱推迟 20～30 天。

(8) 提高降水利用率的途径 一是实行一年两作。旱地小麦一生耗水 255～261 毫米，其中，株间、行间耗水 158.1 毫米。从播种到返青以蒸散耗水为主，返青后以蒸腾耗水为主。总耗水量减去蒸散耗水量，植株蒸腾耗水量仅 97～103 毫米，即蒸散大于蒸腾。植株蒸腾是生理所需，必不可少，地面蒸散可人为降低。夏玉米生长期正处在雨、热同期阶段，一般年份不浇水也能丰产，据试验，每亩收获 3 000 千克青贮玉米或收获 320 千克玉米籽粒，耗水和休闲区基本相似。这说明，旱地一年两作利用雨、热同期增加一季作物，而夏季休闲则是对降水的最大浪费。一季小麦要比休闲多耗水 100 多毫米，为土壤多接纳伏雨腾出了库容；一季夏玉米不仅没有消耗土壤库存水分，而且还使其得到恢复和补充。土层深厚的旱地一年两作，全年可亩产粮食 550 多千克或亩产小麦 250 多千克，青贮玉米 3 000 多千克，远远高于一年一季小麦的经济收入。二是增施肥料。增施肥料可提高作物产量及水分生产效率；据试验，多肥区小麦亩产 252.4 千克，比少肥区亩产 226 千克增产 11.7%；多肥区水分生产效率为 0.99 千克/亩·毫米，比少肥区提高 14.5%。增施肥料可促进根系吸收土壤深层水；据测定，麦季休闲主要消耗 0～60 厘米土层的水分，以消耗 0～30 厘米土层的水分最多，而小麦多肥区 0～120 厘米以内的有效水几乎被全部吸收利用，且能利用深层水。增施肥料还能提高耕层含水量，利于作物生长。

总之，旱地小麦产量低的主要原因是水分不足。实行一年两作、增施肥料、深浅轮耕、残茬覆盖蓄水保墒，建立合理的群体结构等才能充分利用降水，提高旱地小麦产量。

七、河北省推广的主要小麦品种

1. 近年来河北省推广的高产冬小麦品种有哪些?

(1) 石麦 15 石家庄市农科学院选育。2005 年通过河北省审定,2007 年通过国家审定。半冬性、中熟。幼苗匍匐,分蘖力强,成穗率高。株高 78 厘米,株型紧凑,穗层整齐。籽粒饱满,白粒,半角质。平均穗数 43.5 万/亩,穗粒数 35.6 粒,千粒重 38.4 克。抗倒性一般。成熟期落黄性较好。抗寒性好。中抗秆锈病,慢感叶锈病,中感至高条锈病,高感赤霉病、纹枯病、白粉病。平均产量 523.8~575.2 千克/亩。在河北省的适宜种植区域为中南部冬麦区高水肥地。播种期 10 月 1~10 日。基本苗高水肥地 12 万~18 万/亩,中水肥地 18 万~20 万/亩。

(2) 邯 00—7086 邯郸市农业科学院选育。2006 年通过河北省审定,2007 年通过国家审定。半冬性,中熟。幼苗半匍匐,分蘖力中等、成穗率高。株高 75 厘米,株型略松散,成熟落黄好。白粒,硬质,籽粒均匀。平均穗数 38.4 万/亩,穗粒数 37.9 粒,千粒重 38.3 克。较抗倒伏。抗寒性好。中抗条纹病,中感纹枯病,高感叶锈病、白粉病、秆锈病。平均产量 501.7~572.5 千克/亩。在河北省的适宜种植区域为中南部冬麦区中高水肥地。播种期 10 月 1~10 日,基本苗 10 万~15 万/亩。

(3) 石新 828 石家庄小麦新品种新技术研究所选育。2005 年通过河北省审定。半冬性,生育期 243 天。幼苗半匍匐,分蘖力一般,平均穗数 40.7 万/亩。成株株型紧凑,株高 72 厘米,抗倒性较强,抗寒性一般。白粒,硬质,籽粒较饱满,穗粒数 35.0 个,千粒重 40.3 克。熟相较好。白粉病自然发病较重。条锈病 2~3 级,叶锈病 2~3 级,白粉病 3~4 级。平均产量 503.6~551.6 千克/亩。适宜种植区域为河北省中南部冬麦区中高水肥地。适宜播种期 10 月 3～10 日。播种量 8～10 千克/亩。

（4）科农 199 中国科学院遗传与发育生物学研究所选育。2006 年通过国家审定。半冬性，中熟。幼苗匍匐，分蘖力强，成穗率中等。株高 74 厘米，株型紧凑。白粒，角质，饱满，黑胚率低。平均穗数 39.6 万/亩，穗粒数 36.3 粒，千粒重 40.8 克。茎感坚硬，抗倒性好。灌浆快，落黄好。抗寒性好。中抗秆锈病，中感纹枯病，高感条锈病、叶锈病、白粉病。平均产量 509.2～544.2 千克/亩。在河北省的适宜种植区域为中南部冬麦区高水肥地。播种期 10 月 1～15 日，基本苗 10 万～15 万/亩。

（5）良星 99 山东省德州市良星种子研究所选育。2004 年通过河北省审定，2006 年通过国家审定。半冬性，中熟。幼苗半匍匐，分蘖力强，成穗率高。株高 78 厘米，株型紧凑。白粒，角质，平均穗数 41.6 万/亩，穗粒数 35.7 粒，千粒重 40.0 克。茎秆坚实，较抗倒伏。轻度早衰，落黄一般。抗寒性好。高抗白粉病，中抗至慢条纹病，中感纹枯病，中感至高感叶锈病、秆锈病。平均产量 483.9～553.5 千克/亩。在河北的适宜种植区域为中南部冬麦区高水肥地。播种期 10 月 1～10 日，精播地块每亩基本苗 10 万～12 万株，半精播地块 15 万～20 万。

（6）衡观 35 河北省农林科学院旱作农业研究所选育。2004 年通过河北省审定，2006 年通过国家审定，半冬性，中早熟。幼苗直立分蘖力中等，成穗率一般。株高 77 厘米，株型紧凑，穗层整齐，白粒，籽粒半角质，饱满度一般，黑胚率中等。平均穗数 36.6 万/亩，穗粒数 37.6 粒，千粒重 39.5 克。抗寒力中等。抗倒性较好，耐后期高温、成熟早、熟相较好。中抗秆锈病，中感白粉病、纹枯病，中感至高感条锈病，高感叶锈病、赤霉病。叶枯病较重。平均产量 480.5～552.0 千克/亩。在河北省的适宜种植区域为冀中南冬麦区中、高水肥地。播种期 10 月 5～15 日，基本苗 16 万～20 万/亩。

（7）邯 6172 邯郸市农业科学院选育。2006 年通过河北省审定。半冬性，中熟，全生育期 238 天。幼苗匍匐。株型紧凑，株高

75厘米，白粒，穗粒数34个，千粒重42克。分蘖力中等，成穗率高，茎秆有弹性，抗倒伏。高抗条锈病，中抗叶锈病、感白粉病。抗干热风，落黄好。平均产量464.6～493.9千克/亩，适宜冀中南水地麦区种植。要求适期播种，基本苗18万株/亩。

(8) 石麦14 石家庄市农业科学院等选育。2006年通过河北省审定。半冬性，中晚熟，生育期242天。幼苗半匍匐。成株株型紧凑，株高72厘米。白粒、硬质。穗粒数33个，千粒重40克，分蘖力中等，抗倒性强，抗寒性较好，熟相较好。条锈3～4级，叶锈3～4级，白粉0～3级。平均产量473.2～493.9千克/亩。适宜种植区域为河北省中南部冬麦区中、高水肥地。播种期10月1～10日。高肥水地基本苗16万～18万株/亩，中等肥水地18万～20万株/亩，晚播麦田应适当加大播种量。

(9) 邯麦11 邯郸市农业科学院选育。2007年通过河北省审定。半冬性，生育期240天，幼苗半匍匐，分蘖力较强，穗粒数44.3万/亩。成株株型紧凑，株高74厘米，抗倒性较强，抗寒性中等。白粒、硬质，较饱满。穗粒数32.0个，千粒重40.6克。熟相较好，条锈病2～3级，叶锈病3～4级。白粉病1～2级。平均产量488.8～555.5千克/亩。适宜在冀中南麦区中高水肥地块种植。10月1～10日为适播期，基本苗16万株/亩。

(10) 邢麦4号 邢台市农业科学院选育。2007年通过河北省审定。半冬性，中熟。幼苗半匍匐，分蘖力较强，成穗率低，穗层厚。株高80厘米，株型松紧适中，秆粗。白粒、饱满，角质。平均穗数38.8万/亩，穗粒数36.0粒，千粒重42.9克。落黄较好。抗寒性中等。中抗叶锈病、纹枯病，高感条锈病、白粉病、秆锈病。平均产量529.9～576.9千克/亩。在河北省的适宜种植区域为中南部冬麦区高水肥地。播种期10月上中旬，基本苗10万～15万株/亩。

(11) 石家庄8号 石家庄市农业科学院选育。2001年通过河北省审定，2007年通过河北省扩区审定。半冬性，中熟，全生育期237（中南部）～252天（中北部）。幼苗半匍匐。株型较松散，株高 73～75 厘米，穗层整齐。白粒、半硬质。穗数 42.1 万/亩，穗粒数 31～34 个，千粒重 41～43 克，分蘖力较强，成穗率高。中感或抗条锈病，抗叶锈病和白粉病。抗干热风，落黄较好。平均产量 449.4～498 千克/亩。适宜冀中南麦区和冀中北麦区中高水肥地种植。播种期 10 月 1～10 日。每亩播种量中南部 7 千克；中北部高肥水地 7.5～10 千克，肥旱地 11～12 千克。

(12) 衡 5229 河北省农林科学院旱作农业研究所选育。2004 年通过国家审定，半冬性，中熟。幼苗半匍匐，分蘖力中等。株高 70 厘米，株型紧凑，穗层整齐。白粒，硬质。平均穗数 40 万/亩，穗粒数 32.7 粒，千粒重 39.1 克。抗倒伏，抗寒性中等。秆锈病免疫，中抗条锈病、纹枯病，中感白粉病，高感叶锈病。平均产量 469.8～484.2 千克/亩。在河北省的适宜种植区域为中南部冬麦区。播种期 10 月 1～10 日，中高水肥地基本苗 20 万株/亩，低水肥条件和播期推迟应适当增加播量。

(13) 冀 5265 河北省农林科学院粮油作物研究所选育。2007 年通过河北省审定。半冬性，生育期 246 天左右。幼苗半匍匐，分蘖力强。穗数 43.2 万/亩，穗层整齐。株型较紧凑，株高 74 厘米。抗倒性强。白粒、硬质、较饱满、穗粒数 34.0 个，千粒重 40.0 克。熟相较好。高感到中感条锈病和叶锈病，中感白粉病。平均产量 533.4～549.8 千克/亩。适宜种植区域为河北省中南部冬麦区中高水肥地。播种期 10 月上旬。高肥水地播种量 9 千克/亩，中肥水地 10 千克/亩。

(14) 冀丰 703 石家庄小麦新品种新技术研究所等选育。2005 年通过河北省审定。半冬性，生育期 241 天。幼苗半匍匐，分蘖力较强，穗层不整齐。成株株型中等，株高 74 厘米，抗倒性较强，抗寒性较好。白粒，硬质，较饱满。穗数 39.9 万/亩，穗粒数 32.7 个，千粒重 40.4 千克。熟相较好。条锈病 3～4 级，叶锈病 3～4 级，白粉病 4 级。平均产量 469.2～542 千克/亩。适宜种植区域为河北省中南部冬麦区中高水肥地。播种期 10 月 3～10 日，播种量 8～9 千克/亩。

(15) 京冬 12 北京杂交小麦工程技术研究中心选育。2004 年通过国家审定。冬性，中熟，全生育期 258 天。幼苗半匍匐，分蘖力较强，繁茂性好。株高 85～90 厘米。红粒，粒质较硬。平均穗数 44.8 万/亩，穗粒数 29.5 粒，千粒重 41.6 克。抗倒性、抗寒性较好。慢条锈病，高感叶锈病和白粉病。平均产量 396.1～425 千克/亩。在河北省的适宜种植区域为北部中上等肥力地块。播种期 9 月 28 日至 10 月 6 日，基本苗 20 万株/亩。

(16) 北京 0045 中国农业科学院作物育种栽培研究所选育。2004 年通过河北省审定。冬性，中晚熟，生育期 254 天，幼苗半匍匐，成株株型紧凑，株高 76 厘米。白粒，硬质，饱满度较好，有黑胚。穗粒数 30 个，千粒重 50 克，分蘖力强，穗数中等，穗层整齐。抗倒性一般，抗寒性较好，熟相中等。条锈 3 级，叶锈 3～4 级，白粉 3～4 级。平均产量 433.8～500.8 千克/亩。适宜种植区域为河北省中北部冬麦区高水肥地。播种期以秋分后为宜，一般播种量 10 千克/亩。

(17) 保麦 9 号 保定市农业科学研究所选育。2006 年通过河北省审定。冬性，全生育期 255 天。幼苗半匍匐，分蘖力较强，茎秆粗壮，抗倒伏能力较强。穗数 41.6 万/亩，穗粒数 30 个，千粒重 50 克。穗层较整齐，白粒，硬质，籽粒较饱满。株高 74 厘米，成株株型较松散，熟相较好。抗条锈病、白粉病，耐叶锈病。平均产量 440～560.7 千克/亩。适宜在河北省中北部冬麦区种植，中高水肥条件下种植增产潜力大。播种期 9 月 25 日至 10 月 5 日，播种量 11～12 千克/亩，晚播适当加大播种量。

(18) 乐 639 乐亭县种子公司选育。1998 年通过河北省审定。冬性，中熟，全生育期 260 天。幼苗直立。株型紧凑，株高 78 厘米。白粒，硬质。穗粒数 29 个，千粒重 40 克。分蘖力强，成穗率高，抗倒伏，抗干热风，落黄好。高抗叶锈病，感条锈病，中感白粉病。一般大田产量 430 千克/亩，高产可达 490 千克/亩。适宜冀中北麦区中上等水肥地块种植，适期播种，高水肥地基本苗 18 万～20 万株/亩，中等水肥地 20 万～25 万株/亩。

(19) 轮选987 中国农业科学院作物育种栽培研究所选育。2003 年通过国家审定。冬性，稍晚熟。幼苗匍匐，生长较繁茂。株高 80 厘米，较抗倒伏。红粒，千粒重 41 克。成熟落黄好，较抗干热风。高抗条锈病，中抗白粉病，中感或高感叶锈病，平均产量 427.1～484.3 千克/亩。适宜在北部冬麦区中高水肥麦田种植。播种期 9 月下旬或 10 月上旬。适期播种的播种量 10 千克/亩。

(20) 北农9549 北京农学院选育。2003 年通过国家审定。冬性，中熟，幼苗半匍匐，分蘖力中等。株高 83 厘米，抗倒伏能力强。白粒，角质。成穗率中等，平均穗数 40 万/亩，穗粒数 28 粒，千粒重 45 克。抗寒性稍差。中抗至中感条锈病，高感叶锈病和白粉病。平均产量 396.7～453.3 千克/亩。适宜在河北北部高中肥水地种植。9 月底至 10 月初播种，基本苗 20 万株/亩。

2. 近年来河北省推广的强筋冬小麦品种有哪些？

(1) 师栾02-1 河北师范大学、栾城县原种场选育。2004 年通过河北省审定，2007 年通过国家审定。半冬性，中熟。幼苗匍匐，分蘖力强，成穗率高。株高 72 厘米，株型紧凑，穗层整齐。白粒，饱满，角质。平均穗数 45 万/亩，穗粒数 33.0 粒，千粒重 35.2 克，春季抗寒性一般，旗叶干尖重，后期早衰。抗倒伏。抗寒性中等。中抗纹枯病，中感赤霉病，高感条锈病、叶锈病、白粉病、秆锈病。容重 784～803 克/升，籽粒蛋白质（干基）含量 15.09%～16.88%，湿面筋含量 30.0%～33.3%，沉降值 37.7～61.3 毫升，吸水率 55.3%～60.5%，稳定时间 13.2～27.3 分钟，最大抗延阻力 654～700E.U,拉伸面积 163～180 厘米^2，面包体积760～828 厘米^3，面包评分 68～92。平均产量 454.3～561.1 千克/亩。在河北省的适宜种植区域为中南部麦区高水肥地。播种期 10 月 1 日～8 日，基本苗 10 万～15 万株/亩。

(2) 藁优9618 藁城市科炬种业有限公司选育。2005 年通过河北省审定。半冬性，生育期 243 天。幼苗半匍匐，抗寒性好，分蘖力强，成株株型紧凑，株高 71 厘米，抗倒伏性较好白粒，硬质，饱满度较好，穗数 47 万/亩，穗粒数 34.6 个，千粒重 35.0 克。熟相中等。条锈病 2～2＋级，叶锈病 2＋～3 级，白粉病 3－～4 级。容重 31％～32％，吸水率 62.2％～62.9％，形成时间 8.7～15.7 分钟，稳定时间 10.3～11.5 分钟，面包评分 68.4～70.1。平均产量 492.1～554.5 千克/亩。适宜种植区域为河北省中南部冬麦区中高水肥地。

(3) 藁优 9415 河北省藁城市农业科学研究所选育。2003 年通过河北省审定。半冬性，晚熟，生育期 242 天。幼苗半匍匐。成株株型松散，株高 70 厘米。白粒、硬质。穗粒数 33 个，千粒重 35 克。分蘖力强，抗倒性强抗寒性差，熟相较好。条锈 2～3 级，叶锈 3～4 级。容重 800 克/升，籽粒蛋白质 15.22％～16.38％，沉降值 55.6～56.2 毫升，湿面筋 29.5％～30.8％，吸水率 55.6％～59.8％，形成时间 11.8～22.7 分钟，稳定时间 21.7～25.0 分钟。平均产量 403.1～434.4 千克/亩。播种期 10 月 1～10 日，播种量 7～10 千克/亩。

3. 近年来河北省推广的节水或抗旱冬小麦品种有哪些?

(1) 沧麦 6002 沧州市农林科学院选育。2007 年通过河北省审定。冬性，生育期 244 天。幼苗匍匐，分蘖力较强。穗数 41 万/亩。株型松散株高 88 厘米。抗倒伏性一般，抗寒性好。白粒，硬质，较饱满。穗粒数 30.4 个，千粒重 37.3 克。熟相较好。人工模拟干旱和田间自然干旱环境的抗旱指数为 1.069～1.137。中感条锈病，中感至高感叶锈病，中感至中抗白粉病。节水条件下平均产量 391.2～459.2 千克/亩。适宜种植区域为河北省黑龙港流域冬麦区。播种期 10 月上旬，播种量 10～15 千克/亩，晚播要适当增加播量。高水肥地块注意防倒伏。

(2) 冀麦 32 河北省中捷农场农业科学研究所选育。1992 年通过河北省农作物品种审定委员会审定。冬性，中熟，全生育期 248 天。幼苗半直立，成株型紧凑，株高 95 厘米。白粒，千粒重 38～40 克。茎秆硬，有韧性，抗倒伏能力较强。耐旱，耐瘠薄。

抗寒，抗干热风，落黄好。轻感叶锈病和白粉病，有少量黑穗病发生。平均亩产量 228.8～231.5 千克。适宜在河北省黑龙港及滨海麦区旱地种植。在旱薄碱地应早播，一般在 9 月 20 日至 10 月 5 日，基本苗 22 万～25 万株/亩。

(3) 沧麦 6001 沧州市农林科学院选育。1998 年通过河北省审定。冬性，中熟，生育期 243 天。幼苗半匍匐，分蘖力较强。株型较松散。株高 73.8 厘米。较抗倒伏，抗寒性好。白粒，硬质。穗粒数 28 个，千粒重 41 克。熟相好。中抗条锈病，高抗白粉病。大田生产平均产量 330 千克/亩，最高产量可达 440 千克/亩。适宜种植区域为河北省黑龙港流域中低水肥及旱碱地冬麦区种植。适宜播种期 9 月 25 日至 10 月 10 日，基本苗 20 万～25 万株/亩。

(4) 河农 826 河北农业大学选育。2007 年通过河北省审定。半冬性，生育期 242 天。幼苗匍匐，分蘖力较强。穗数 41.9 万/亩。株型较松散，旗叶干尖。株高 73.8 厘米。较抗倒伏，抗寒性好。白粒，硬质，较饱满。穗粒数 31.6 个，千粒重 39.0 克。熟相一般。人工模拟干旱和田间自然干旱环境的抗旱指数为 1.072～1.157。中感至高感条锈病，中感至中抗叶锈病和白粉病。平均产量 412.2～457.6 千克/亩。适宜种植区域为河北省黑龙港流域冬麦区。播种期 10 月上旬，播种量 10～12 千克/亩。

(5) 捷麦 19 河北省中捷农场农业科学研究所选育。2015 年通过河北省农作物品种审定委员会审定。该品种属半冬性中熟品种，平均生育期 247 天。幼苗半匍匐，叶色绿色，分蘖力较强。亩穗数 39.4 万，成株株型较松散，株高 79.5 厘米。穗纺锤形，长芒，红壳，白粒，硬质，籽粒较饱满。穗粒数 32.2 个，千粒重 38.2 克，容重 760.0 克/升。熟相好。抗倒性强。品质好：粗蛋白质（干基）13.23%，湿面筋 29.1%，沉降值 26.8 毫升，每 100 克吸水量为 54.4 毫升/100 克，形成时间 3.2 分钟，稳定时间 3.8 分钟，最大拉伸阻力 294E.U 延伸性 149 毫米，拉伸面积 63 厘米^2。抗旱性强：2011—2012 年度人工模拟干旱棚抗旱指数为 1.208，田间自然干旱环境抗旱指数为 1.184，平均抗旱指数

1.196，抗旱性强（2 级）。2012—2013 年度人工模拟干旱棚抗旱指数为 1.193，田间自然干旱环境抗旱指数为 1.118，平均抗旱指数 1.191，抗旱性强（2 级）。抗病性较好：2011—2012 年度高抗条锈病，免疫叶锈病，中感白粉病；2012—2013 年度免疫条锈病，高抗叶锈病，中感白粉病。2011—2012 年度黑龙港流域旱薄组区域试验，平均亩产 323.8 千克；2012—2013 年度同组区域试验，平均亩产 378.6 千克。2012—2013 年度黑龙港流域旱薄组生产试验，平均亩产 379.4 千克。该品种适宜播期为 9 月 27 日至 10 月 5 日，播种量 10～12 千克/亩，每晚播两天，亩播量相应增加 0.5 千克。重施底肥，亩施磷酸二胺 30 千克，尿素 15 千克，耕地前施入深翻；播种时随播种、随镇压，采用机械沟播技术。冬季适时进行镇压保墒，来年春季亩追施返青肥 10 千克（尿素）。小麦生长后期注意查治红蜘蛛和麦蚜。适宜在河北省黑龙港流域及滨海冬麦区旱薄地种植。

4. 近年来河北省推广的春小麦品种有哪些？

（1）坝优 1 号 张家口市农业科学院选育。2000 年通过河北省审定。生育期 85～90 天。幼苗直立。株型紧凑。株高 85 厘米。籽粒红色，半硬质。千粒重 45 克以上，饱满度中等。抗倒伏性较强。高抗叶锈、黄矮和白粉病。丰产性稳定，平均产量 381.3～362.2 千克/亩。适宜种植区域为张家口、承德两市坝下河川区中等以上肥力条件下水地种植，单作或与玉米等套作均宜。

（2）张春 5 号 张家口市农业科学院选育。2000 年通过河北省审定。中熟生育期 95 天。株型紧凑，叶上冲。株高 80 厘米。籽粒红色，穗粒数 25～29 粒，千粒重 40 克以上，籽粒饱满度。高抗叶锈、黄矮和白粉病。落黄性好。平均产量 187.6～230.2 千克/亩。适宜种植区域为张家口、承德两市坝上坝下两个生态区中等以上肥力水地种植。

（3）冀张春 5 号 张家口市农业科学院选育。1996 年通过河北省审定。生育期 90～110 天。前期生长发育快，灌浆落黄好。分蘖力中等，成穗率高。株高 80～110 厘米。穗粒数 25～42 粒，千粒重 37～42 克，高者达 45 克以上。籽粒硬质。茎秆粗壮，抗倒伏。较抗麦秆蝇，轻感叶锈病。平均产量 120～150 千克/亩，最高可达 307 千克/亩。适宜种植区域为张家口、承德两市春麦区中等以上肥力的旱地种植。

主 要 参 考 文 献

李晋生，闫宗彪，1986. 小麦栽培二百题［M］. 北京：中国农业出版社.

农业部小麦专家指导组，2007. 现代小麦生产技术［M］. 北京：中国农业出版社.

农业部小麦专家指导组，2008. 小麦高产创建示范技术［M］. 北京：中国农业出版社.

图书在版编目（CIP）数据

小麦实用栽培技术手册 / 沧州市农场管理站编著.
—北京：中国农业出版社，2017.10
　ISBN 978-7-109-23285-3

　Ⅰ.①小… Ⅱ.①沧… Ⅲ.①小麦－栽培技术－技术
手册 Ⅳ.①S512.1-62

中国版本图书馆 CIP 数据核字（2017）第 206768 号

中国农业出版社出版
（北京市朝阳区麦子店街 18 号楼）
（邮政编码 100125）
责任编辑　程燕　吴丽婷

三河市君旺印务有限公司　　新华书店北京发行所发行
2017 年 10 月第 1 版　　2017 年 10 月河北第 1 次印刷

开本：8800mm×1230mm　1/32　印张：4.25
字数：108 千字
定价：25.00 元
（凡本版图书出现印刷、装订错误，请向出版社发行部调换）